教育部中等职业教育专业技能课立项教材

旅游大类

高星级饭店运营与管理专业

咖啡调制技能指导

（第二版）

主　编◎杨　辉　侯广旭

KAFEI TIAOZHI
JINENG ZHIDAO

中国人民大学出版社
·北京·

图书在版编目（CIP）数据

咖啡调制技能指导 / 杨辉，侯广旭主编 . -- 2 版 . 北京：中国人民大学出版社，2025. 1. --（教育部中等职业教育专业技能课立项教材）. -- ISBN 978-7-300-33157-7

Ⅰ. TS273

中国国家版本馆 CIP 数据核字第 2024DF6179 号

教育部中等职业教育专业技能课立项教材

咖啡调制技能指导（第二版）

主　编　杨　辉　侯广旭

主　审　许　宁

出版发行	中国人民大学出版社		
社　　址	北京中关村大街 31 号	**邮政编码**	100080
电　　话	010-62511242（总编室）		010-62511770（质管部）
	010-82501766（邮购部）		010-62514148（门市部）
	010-62515195（发行公司）		010-62515275（盗版举报）
网　　址	http://www.crup.com.cn		
经　　销	新华书店		
印　　刷	北京瑞禾彩色印刷有限公司	**版　　次**	2011 年 9 月第 1 版
开　　本	787 mm × 1092 mm　1/16	**印　　次**	2025 年 1 月第 2 版
印　　张	9		2025 年 1 月第 1 次印刷
字　　数	130 000	**定　　价**	38.00 元

第二版前言

咖啡文化是人类历史上浪漫的沉淀。伴随着全球化、国际化的浪潮，中西文化不断交流融合，咖啡文化也逐渐在我国蓬勃发展起来。随着咖啡消费量的提升、咖啡文化的扩展、创新产品的出现以及新科技的应用，咖啡产业前景广阔，充满活力与发展潜力。

本书在参阅市场上大量咖啡教材和深入企业进行调研的基础上，采用咖啡商业市场广泛应用的现场教学方式，创新地对知识和技能采用多元分解，服务用语和专业词汇采用双语，以还原咖啡店的真实工作情境。

本书以党的二十大精神为引领，全面贯彻党的教育方针，落实立德树人根本任务，推进习近平新时代中国特色社会主义思想进教材、进课堂、进头脑。同时，本书遵循新课改理念，将操作技能与岗位综合技能相结合，采取以岗位能力为主线，以“模块为框架，任务为驱动，活动为内容”的方式进行编写，有利于学生掌握咖啡制作的实用操作技能。本书还设置了丰富多彩的“以学生为中心”的课堂教学活动，如“知识链接”“实训检测”“课后拓展”等，有助于提高学生的参与程度和学习兴趣，以保证学习目标的实现。本书对提高酒店从业人员及咖啡行业从业人员的职业素养，让职业院校学生领略咖啡文化、传承咖啡文化，培养其咖啡调制与服务的能力有一定的作用，同时对中职学生的就业及提高人们的咖啡文化素养有着很好的促进作用。

本书适用于中职高星级饭店运营与管理专业、旅游服务与管理专业及相关专业的教学与培训，也可作为咖啡爱好者的自学用书和参考用书。

本书由杨辉、侯广旭担任主编，编写人员有姚蕾、张程、李蕊、郑丹丹、刘哲、刘斯文、黄伟东、路宽、张琦、郭迎、石环宇、马晧月、徐瑾瑾、王梓涵。

在编写过程中，本书得到北京市朝阳区教委、教研中心领导的大力支持，特别是得到了北京市劲松职业高中校领导的指导和帮助，同时也得到了诸多业界朋友的鼎力协助，特别感谢行业专家许宁先生、罗虹女士、王伟先生，在本书编写过程中提供了大量的宝贵建议，给了作者极大的启发与帮助。感谢北京市劲松职业高中学生任毅冬为本书所绘的手绘插图。本书的出版也融入了中国人民大学出版社各位编辑的心血，在此一并表示衷心的感谢。

由于编者水平有限，书中难免有不妥、疏漏和值得商榷的地方，还望广大读者批评指正。

编者

目录

Contents

Menu 1　单品咖啡

请问，什么是单品咖啡？

所谓单品咖啡（Varietal Coffee），就是用原产地出产的单一品种咖啡豆磨制而成，饮用时一般不建议加奶或糖的纯正咖啡。常见的有蓝山、曼特宁、哥伦比亚、摩卡、巴西圣多斯、夏威夷科纳等。单品咖啡有强烈的特性，口感特别，或清新柔和，或香醇顺滑。

任务一 巴西圣多斯咖啡（滤杯式调制）

今天，我们学习用滤杯冲泡一杯巴西圣多斯咖啡（Brazilian Santos Coffee）。首先，准备器具和原料，如表 1-1-1、表 1-1-2 所示。

表1-1-1 器具准备

器具			
	滤杯（Filter）	滤纸（Filter Paper）	咖啡壶（Coffee Pot）

	细口壶（Water Jug）	手摇磨豆机（Manual Mill）	咖啡量勺（Coffee Spoonful）

	咖啡勺（Coffee Spoon）	咖啡杯（Coffee Cup） 咖啡杯垫碟（Coffee Saucer）	

滤杯都是一样的吗？

关于滤杯

滤杯的主要区分在于杯底的滤孔。市场上主要有单孔式滤杯、三孔式滤杯及 V 型滤杯三种。

⊙ 单孔式滤杯是 1908 年德国的梅丽塔（Melitta）夫人发明的，通称“梅丽塔杯”。单孔式滤杯蒸咖啡粉后的提取速度较慢，只需注入一次热水便可完成。

⊙ 三孔式滤杯因滤孔多，不容易堵塞，适用于各种烘焙度的咖啡，且只要调节萃取量就能调整浓度，热水要分多次注入。三孔滤杯也称为“卡利塔杯”。

⊙ V 型滤杯是圆锥形的，底部是个大洞，使用的滤纸也是特殊的圆锥形滤纸，其特点是注入的热水都向中间流动，可以很好地提取咖啡的成分。

表1-1-2 原料准备

原料			
	圣多斯咖啡豆（Santos Coffee Beans）	糖包（Sugar Pack）	奶品（Milk/Cream）

巴西盛产咖啡吗？圣多斯咖啡的风味如何？

巴西的咖啡豆产量居世界第一，约占世界总产量的 30%。巴西咖啡一般根据产地州名和运输港进行分类，巴西有 17 个州出产咖啡，其中巴拉那州、圣保罗州、米拉斯吉拉斯州和圣埃斯皮里图州产量最大，约占全国总产量的 98%。

巴西的咖啡种类繁多，其中最有名的是圣多斯咖啡，名字来自船运咖啡的港口，主产于圣保罗四周山谷地区。圣多斯咖啡是拼配综合咖啡豆的基础豆之一，酸、甘、苦三味属中性，浓度适中，口味高雅而特殊，有高质感的酸味，适合刚刚接触单品咖啡的爱好者品尝，口感柔和圆润，醇度适中，回甘中弥漫着优雅的核果香。圣多斯咖啡豆适合中度烘焙。

如何用滤杯调制出一杯香浓的巴西圣多斯咖啡呢？

准备好冲泡咖啡的器具和原料后，在用滤杯冲泡咖啡前，还要准备好热水，折放滤纸，以及研磨咖啡豆。如表 1-1-3 所示。

表1-1-3　折放滤纸、研磨咖啡豆

步骤	操作图示	操作讲解
折放滤纸	 	将滤纸沿着缝线部分折叠、压紧，然后撑开，按照滤杯的形状放入滤杯并用手往下压，让两边能够贴合。 提示：如果用三孔滤杯，滤纸不同，需要沿着缝线部分向正反两个方向折叠，这样滤纸才不会在滤杯中倾斜。
用手摇磨豆机研磨咖啡豆		a. 在使用手摇磨豆机前，需要先根据使用的咖啡豆的不同将螺母调节到合适的粗细度。先拧开最上面的螺钉。

续前表

步骤	操作图示	操作讲解
用手摇磨豆机研磨咖啡豆		b. 依次取下各个螺母。
		c. 最下面的螺母是调节咖啡粉的粗细度的。越往上拧，研磨出的咖啡粉颗粒越大、越粗；越往下拧，研磨出的咖啡粉颗粒越细。
		d. 将最下面的螺母调节到需要的、合适的粗细度后，按照顺序依次装上螺母，注意把卡扣装进螺母凹进去的地方卡好。 提示：滤杯适合的咖啡粉的研磨度是中度。
		e. 依次装上螺母后，拧紧螺钉。
		f. 加入新鲜烘焙的咖啡豆，注意一次不要加入太多，一般一次加一到两杯的量即可（最好用豆勺控制咖啡豆的量）。

续前表

步骤	操作图示	操作讲解
用手摇磨豆机研磨咖啡豆		g. 左手扶住磨豆机中间部位以稳定磨豆机，右手顺时针方向转动磨豆机手柄开始研磨，转动手柄的时候要均匀快速转动。
		h. 一般研磨一杯咖啡粉的时间为 2 ～ 3 分钟，研磨完毕，拉开小抽屉，倒出咖啡粉就可以冲泡咖啡了。

手摇磨豆机的使用

下面就可以用滤杯来冲泡巴西圣多斯咖啡了。具体步骤如表 1–1–4 所示。

表1–1–4　滤杯式冲泡咖啡

步骤	操作图示	操作讲解
温杯		用热水均匀淋湿滤纸并用咖啡豆勺末端按压，使滤纸平贴于滤杯上，同时温热滤杯与咖啡壶，接着将咖啡壶中的水倒出。

续前表

步骤	操作图示	操作讲解
装咖啡粉	 	将咖啡粉倒入滤杯，并拿起滤杯用手拍打侧面，使咖啡粉表面略平。 提示：冲泡一人份的咖啡粉量是 10g 左右，每增加一个人就增加 7 ～ 8g。
咖啡闷蒸	 	用细口壶注入热水（水温约 92℃），让水快速地在最短的时间内与咖啡粉接触，水量以刚好淋湿、淋遍所有的咖啡粉为宜，不可冲在滤纸上，否则会有杂味产生。 注入热水的同时，咖啡粉表面会膨胀，这个过程叫“闷蒸”。为了将可口的成分抽出，应“闷蒸”静置 20 ～ 30 秒。

续前表

步骤	操作图示	操作讲解
倒掉闷蒸后的咖啡液	  	“闷蒸”结束后，把咖啡壶里的咖啡液倒掉，因为这部分咖啡液比较涩，不好喝。 倒掉咖啡液后，用温水冲洗咖啡壶，然后将水倒掉。
咖啡萃取		第一次注水。从滤杯的中心开始，顺着同一方向从中心向外顺时针方向画圆，水流要均匀，不可间断，要让热水浸透全部咖啡粉。

滤杯调制咖啡

续前表

步骤	操作图示	操作讲解
咖啡萃取		提示：新鲜的咖啡粉会产生许多细微的泡沫。为了让出水的水流细小，初学者宜使用细口壶嘴的手冲咖啡壶。
	 	第二次注水。达到水量后，水位刚好到滤杯中滤纸漏斗的上缘，最后在滤杯中间收水，滤后咖啡粉形成一个凹入的半椭圆形，冲泡完成。 提示：在咖啡液快滴完又还没滴完之前，撤走滤杯，因为最后一部分的咖啡液会比较涩。
咖啡出品		将咖啡杯用热水温热后，取下滤杯，用咖啡壶斟倒咖啡至咖啡杯八分满。

续前表

步骤	操作图示	操作讲解
咖啡出品		为客人上咖啡前，要配上咖啡勺、杯垫，以及客人调制咖啡用的糖和奶品。 咖啡出品后，咖啡师清理台面，清洁器具。

如何欣赏一杯好咖啡

咖啡的美味总是与温暖的心意并存的，以正确的方式欣赏一杯好咖啡，不仅更容易欣赏咖啡的美味，还能不辜负冲泡者的心意。

一杯好咖啡，应该是清澈明亮、透明度高的。浓度与混浊是不同的，一般来说，造成咖啡混浊的原因有下列几项：

◎混入有缺点的咖啡豆；

◎烘焙不良；

◎咖啡豆或粉放得太久；

◎冲泡过剩（冲泡温度太高、冲泡时间过长、冲水方式太用力等）。

将咖啡勺放入好的咖啡时，咖啡勺的光芒会反射得闪闪发光；舀一勺咖啡滴回去，会发现在掉落的那一瞬间，咖啡液会形成宝石般的珠形滑过表面，这才称得上是一杯润泽、有透明度的咖啡。

咖啡服务程序

1. 准备杯具

（1）咖啡具必须配套使用。

（2）咖啡杯、碟、勺、奶盅、糖缸要经过高温消毒，干净无污，无破损，无水迹。

2. 准备咖啡

（1）将淡奶装入奶盅约 2/3 处。

（2）准备糖缸，将普通白砂糖、黄砂糖、健康糖按标准装入糖缸。

（3）将咖啡连同上述物品一起放入托盘。

（4）咖啡温度应不低于 80℃。

3. 摆放咖啡

（1）咖啡放置于客人正前方，咖啡杯柄朝右。

（2）咖啡勺放置于咖啡碟上方，咖啡勺柄朝右与咖啡杯柄平行。

（3）奶盅、糖缸放置于桌子中央。

（4）摆放器具时要使用托盘。

4. 服务咖啡

服务程序：先女士后男士，先客人后主人，按顺时针方向进行服务。

5. 添加咖啡

（1）当剩余咖啡只到咖啡杯 1/5 处时，应询问客人是否添加。

（2）客人同意后按服务咖啡顺序依次进行添加。

实训检测

要求：请你用滤杯为客人冲泡一杯巴西圣多斯咖啡。实训过程及结果检测可参考表 1–1–5。

表1-1-5　滤杯冲泡巴西圣多斯咖啡实训评价表

时间：________　　姓名：________　　综合评价：

实训项目	分值	实训要点及标准	学生评价	教师评价	综合评价
咖啡器具及材料准备	15 分	准备器具及材料。			
咖啡豆研磨	15 分	研磨咖啡豆。			
技能操作	40 分	折放滤纸、温杯。（10 分）			
		放入咖啡粉。（10 分）			
		注水，水流和流速是否稳定。（15 分）			
		出品。（5 分）			
清洁物品	10 分	清洁咖啡制作器具、吧台等。			
效果	10 分	咖啡液颜色清澈，无杂质。咖啡杯、勺等干净，摆放合理。			
口味	10 分	口味温和而滑润，酸度低，醇度适中，有淡淡的甜味，有较香的咖啡味道。			

我的学习心得

知识链接

咖啡的传说

牧羊人的故事

传说在埃塞俄比亚有个牧羊人叫卡尔第，某日他放牧时，看到每只山羊都无比兴奋，雀跃不已，他觉得很奇怪，后来经过细心观察发现，这些羊是吃了某种红色果实才兴奋不已的。卡尔第好奇地尝了一些，发觉这些果实非常香甜美味，食后自己也觉得精神非常爽快，从此他就时常赶着羊群一同去吃这种美味果实。后来，牧羊人拿着这种果实分给人们吃，所有的人吃完后都觉得神清气爽。据说此后该果实被用来做提神药，而且颇受人们喜爱，这种果实就是咖啡。

僧侣的传说

传说有一位僧侣因犯罪而被族人驱逐出境，流浪到离故乡很远的地方，饥饿疲倦走不动了。当他坐在树根上休息时，发现有一只鸟飞来停在枝头上，以一种他从未听过、极为悦耳的声音啼叫着。他仔细一看，发现那只鸟是在啄食枝头上的果实后才发出美妙的啼声的，他便将那一带的果实全采下放入锅中加水去熬煮。锅中的水散发出浓郁的香味，他喝了一口，不但觉得好喝，而且觉得疲惫的身心也得到了振奋。于是他便采下许多这种神奇的果实，遇到病人便拿给他们熬成汤来喝。由于他四处行善，受到人们的喜爱，他的罪得以赦免。回到家乡的他，因发现这种果实而被尊崇为圣者。据说当时这种神奇的治病良药，就是咖啡。

咖啡的传播

从约公元 500 年牧羊人在非洲高原发现咖啡浆果至今，咖啡的传播经过了漫长的历程。现将咖啡传播过程中的时间、重大事件及意义以列表的形式呈现如下。如表 1–1–6 所示。

表1–1–6　咖啡传播过程中的时间、重大事件及意义

时　间	重大事件	意　义
公元 500 年	牧羊人在非洲高原发现了咖啡浆果	人类由此认识了咖啡
公元 525 年	第一棵咖啡树在阿拉伯半岛种植	开始把咖啡用作药用和饮料
公元 1510 年	咖啡传到埃及开罗	
公元 1530 年	咖啡传入大马士革（叙利亚的首都）	
公元 1554 年	咖啡传抵伊斯坦布尔，世界上第一家咖啡馆在土耳其诞生	世界上第一家咖啡馆诞生
公元 1615 年	咖啡从意大利威尼斯传入欧洲	欧陆咖啡文化开始诞生
公元 1616 年	荷兰人布鲁克把咖啡树由摩卡港传到荷兰	荷兰人在咖啡的贸易竞争中占了上风
公元 1620 年	咖啡由欧洲商队传播到北美洲	咖啡传入北美洲
公元 1658 年	荷兰人开始在亚洲锡兰种植多种咖啡	咖啡种植传入亚洲
公元 1714 年	荷兰阿姆斯特丹市长把一棵咖啡树献给法国国王路易十四	
公元 1723 年	法国海军军官德·克利从巴黎将咖啡树带到美洲，种在加勒比海的马提尼克岛	德·克利被称为传播咖啡的英雄
公元 1727 年	一位荷兰少校从圭亚那取得咖啡种子，并将种子带到巴西种植	奠定了巴西在世界咖啡行业中的地位
公元 1730 年	英国开始在牙买加栽种咖啡	
公元 1825 年	巴西的咖啡种子被带到夏威夷	产出真正的美国咖啡——科纳咖啡
公元 1840 年	英国开始在印度栽种咖啡	咖啡种植传入印度
公元 1880 年	英国商人在东非的肯尼亚、乌干达栽种咖啡	
公元 1887 年	法国人在越南建立殖民地的同时，也建立了咖啡种植园	如今越南是世界第二大咖啡生产国
公元 1891 年	法国传教士从越南把咖啡树引种到中国云南。其后，南洋华侨先后把咖啡树引种在海南、广西、广东等地	咖啡树开始在华夏大地扎根
公元 1963 年	咖啡生产国与咖啡消费国成立国际咖啡组织	促进世界咖啡经济可持续发展

资料来源：马克·彭德格拉斯特．左手咖啡，右手世界．张瑞，译．北京：机械工业出版社，2021.

咖啡店常用英语

早上 / 中午 / 下午好，先生 /（小姐、女士）。
Good morning/afternoon/evening, sir/madam.

先生 / 小姐，请问有预定吗？
Have you made a reservation, sir/madam?
或 Do you have reservations?

Customer Service in Cafe

咖啡厅服务用语

Reservation
接订位

- Good morning, This is coffee shop. May I help you?
  您好，咖啡厅。请问有什么可以帮忙吗?
- May I have your name, please?
  请问您贵姓?
- Spelling, please?
  请问您的名字怎样拼写?
- For how many people, please?
  请问多少人?
- For what time and what date, Mr. Smith?
  史密斯先生，请问哪一天和几点钟来用餐呢?
- Any more request?
  还有什么其他要求吗?
- Thank you, Mr. Smith, usually, the table will be hold for 15 minutes. We look forward to seeing you on time. Goodbye.
  谢谢，史密斯先生，餐厅的订位将会保留 15 分钟。我们将恭候您的到来。再见。

课后拓展

1. 查一查（网络或相关书籍）：

（1）世界上第一家咖啡馆是__________（时间）在__________（地点）诞生的，中国的第一家咖啡馆是__________（时间）出现的。

（2）单孔的滤杯（滴滤器）称为__________式滤杯，是

1908 年__________国的__________发明的；三孔的滤杯称为__________式滤杯。

（3）闷蒸是用热水将咖啡粉浸湿，静置 20 ～ 30 秒使咖啡粉__________，释放出__________，有助于咖啡风味的释放和咖啡精华的萃取。

2. 做一做：

（1）请你试用越南咖啡过滤器（滴滴壶）制作一杯单品咖啡并请老师或同学品评。

（2）请你向客人介绍一下巴西圣多斯咖啡。

任务二　苏门答腊曼特宁咖啡（滤压式调制）

今天，我们学习用滤压壶来冲泡苏门答腊曼特宁咖啡（Sumatra Mandheling Coffee）！首先，需要准备好冲泡咖啡的器具和原料。如表 1–2–1、表 1–2–2 所示。

表1–2–1　器具准备

器具			
	滤压壶（Press Coffee Pot）	搅拌棒（Stir Stick）	细口壶（Water Jug）

	咖啡量勺（Coffee Spoonful）	咖啡研磨机（Coffee Mill）	咖啡杯（Coffee Cup） 咖啡杯垫碟（Coffee Saucer） 咖啡勺（Coffee Spoon）

滤压壶是什么样的器具呢?

滤压壶，又称法压壶、法式滤压壶，是由意大利人发明的，由法国 Boudom 公司发扬光大故又名法压壶。它是一种简易、轻巧、方便的冲煮器材。只要咖啡豆新鲜，滤压壶就可以调制出一杯香醇的咖啡。

滤压壶是不锈钢和玻璃材质的，小巧方便，可以泡茶、泡咖啡两用。滤压壶的优点在于它使用金属滤网，所以在冲泡过程中，不会吸收咖啡油脂。用滤压壶来调制咖啡是最接近“杯评”的冲泡方法，所以对咖啡的本质了解最直接。滤压壶由于使用简单，受到世界各地咖啡迷的追捧。

表1-2-2　原料准备

原料			
	曼特宁咖啡豆（Mandheling Coffee Beans）	糖包（Sugar Pack）	奶品（Milk/Cream）

曼特宁和圣多斯一样是港口名吗？

曼特宁并非产区名、地名、港口名，也非咖啡品种的名称，它的名字是如何来的呢？其实，它是印度尼西亚曼代宁民族的音误。

在第二次世界大战日本占领印度尼西亚期间，一名日本士兵在一家咖啡馆喝到香醇无比的咖啡，于是他问店主咖啡的名字，店主误以为他是问“你是哪里人”，于是回答：“曼代宁”，而日本士兵却误听为“曼特宁”。“二战”后，日本士兵回忆起在印度尼西亚喝过的“曼特宁”，于是从印度尼西亚运了 15 吨咖啡豆到日本，竟然大受欢迎。曼特宁的名字就这样传开了。

曼特宁咖啡究竟产于何处？风味如何呢？

曼特宁咖啡产于亚洲印度尼西亚的苏门答腊岛北部的北苏门答腊州，别称“苏门答腊咖啡”。在印度尼西亚，罗布斯塔种（Robusta）占咖啡总产量的 90%，而曼特宁则是稀少的阿拉比卡种（Arabica）。曼特宁咖啡是生长在海拔 750 ～ 1 500 米高原山地的上等咖啡豆，以 Takengon 和 Sidikalang 出产的一等曼特宁质量最高。

曼特宁咖啡风味非常浓郁，口感丰厚，味道强烈，略带有巧克力味和糖浆味，甘香、纯苦、醇厚，气味香醇，酸度低，甜味丰富，十分耐人寻味；适合深度烘焙，喝后有悠长的回味和余韵。一般咖啡爱好者大都单品饮用，但也是调配混合咖啡时不可或缺的品种。

如何用滤压壶来冲泡曼特宁咖啡呢？

在用滤压壶冲泡咖啡前，要先备好热水、温壶，然后开始研磨曼特宁咖啡豆！我们已学习了手摇磨豆机的使用方法，今天来学习用电动咖啡研磨机研磨咖啡豆。如表 1-2-3 所示。

表1-2-3 电动咖啡研磨机研磨咖啡豆

步骤	操作图示	操作讲解
电动咖啡研磨机研磨咖啡豆		调整刻度，号数越大研磨出的咖啡粉的颗粒越粗。使用滤压壶冲泡咖啡，一般可将研磨机刻度调至 3 ～ 4。
		用咖啡量勺将曼特宁咖啡豆（一人份 12 ～ 15g）放入研磨机漏斗。
	 	准备好盛装咖啡粉的器具，打开研磨机开关，待研磨机恢复至开启的声音时，咖啡已经研磨好。

下面就可以用滤压壶来冲泡苏门答腊曼特宁咖啡了。具体步骤如表 1–2–4 所示。

表1-2-4　滤压壶冲泡咖啡

步骤	操作图示	操作讲解
装咖啡粉	 	取下滤压壶的滤压器，用咖啡量勺将咖啡粉放入壶中。
咖啡萃取		用细嘴壶将 92℃左右的热水慢慢冲入，均匀地淋在咖啡粉上。
		用搅拌棒把咖啡粉搅拌均匀，使之与水充分融合。 提示：搅拌时动作要轻，不要剧烈搅动。

续前表

步骤	操作图示	操作讲解
咖啡萃取		盖上盖子，但是不要压下压杆。静置3分钟左右，让咖啡充分萃取。
咖啡滤压	 	缓缓压下压杆。压的时候一定要缓慢、匀速，这个步骤非常重要。
咖啡出品	 	把咖啡倒入温过的咖啡杯，一杯香醇的曼特宁咖啡即制作完成。 为客人上咖啡前，配上咖啡勺、咖啡杯垫碟，以及客人调制咖啡用的糖和奶品。 咖啡出品后，咖啡师清理台面，清洁器具。

法压壶调制咖啡

滤压壶的清洗保养

1. 滤压壶平日保养很简单，每次使用后立即用清水冲洗干净，分开放置（压杆与瓶身分开），待完全晾干后再组合回去。压杆底下金属滤网部分可以拆卸下来用清水冲洗干净。

2. 滤压壶频繁使用一段时间后（如三个月或半年），使用咖啡器具专用清洁粉（或以黄豆粉代替）加以浸泡搓洗，再用清水冲洗干净在阴凉处晾干，可保持光亮如新。尽量避免使用洗碗精等含香精成分的清洁剂，以免味道残留影响日后咖啡的风味。

实训检测

要求：请你用滤压壶为客人冲泡一杯曼特宁咖啡。实训过程及结果检测可参考表 1-2-5。

表1-2-5　滤压壶冲泡曼特宁咖啡实训评价表

时间：________　　姓名：________　　综合评价：

实训项目	分值	实训要点及标准	学生评价	教师评价	综合评价
咖啡器具及材料准备	15 分	准备器具及材料。			
咖啡豆研磨	15 分	研磨咖啡豆，注意粗细度的选择。			
技能操作	40 分	温杯。（5 分）			
		放咖啡粉。（10 分）			
		注水。（10 分）			
		滤压。（10 分）			
		出品。（5 分）			
清洁物品	10 分	清洁咖啡制作器具、吧台等。			
效果	10 分	咖啡液颜色清澈，无杂质。咖啡杯、勺等干净，摆放合理。			
口味	10 分	甘香、纯苦、醇厚，气味香醇，酸度低，甜味丰富。			

我的学习心得

____

____

____

____

____

知识链接

认识咖啡树

一、咖啡树的生态特征概述

咖啡树属茜草科咖啡属，茜草科植物自古以来便以含特殊药效的植物居多，而咖啡树被定位为独特的生物碱饮用植物群。

> **咖啡树的生态特征**
>
> 咖啡树属浅根性作物，有各级分枝及次级分枝、直生枝，主干生长有明显的顶端优势；叶对生，个别三叶轮生，绿色（较浅）、革质、有光泽，长椭圆形或椭圆形，叶缘形状、叶尖和叶脉因品种品系、荫蔽条件而异；花腋生，聚伞花序，花梗短，白色，芳香；椭圆形浆果，成熟时呈红色、紫红色，咖啡果实、果脐（果顶）的形状因品种而异。咖啡树具有多次开花及花期集中的特性。咖啡树开花受气候，特别是雨量和气温的影响较大。咖啡果实开花至成熟的时间及发育速度随种类而异。

二、咖啡树的种植条件

栽培高品质咖啡树的条件相当严格。阳光、雨量、土壤、气温以及咖啡豆采收的方式和制作过程，都会影响咖啡本身的品质。咖啡树种后 2 ～ 3 年就有收获，6 ～ 8 年盛产，可以连收 20 ～ 30 年，管理良好的，可以达 50 年。

其中，影响咖啡树种植的主要三大因素是气候、海拔和土壤。

1. 气候

（1）温度：气候是咖啡树种植的决定性因素，咖啡树只适合生长在热带或亚热带，所以南北纬 25 度之间的地带，最适合栽植咖啡树。这个咖啡生产地带，一般称为“咖啡带”（Coffee Belt）或“咖啡区”（Coffee Zone）。

（2）降雨量：年降雨量保持在 1 500 ～ 2 000 毫米以内为咖啡种植的最佳值，同时其降雨时间要能配合咖啡树的开花周期。

（3）风力、日照：在系统发育中，咖啡树形成喜静风、温凉、荫蔽或半荫蔽、湿润的环境等习性，因此，过于强烈的阳光会抑制咖啡树的成长，故各个产地通常会配合种植一些遮阳树。一般多种植香蕉、杧果以及豆科植物等树干较高的植物。

（4）霜降：霜降是咖啡树成长的最大杀手。

2. 海拔

海拔是咖啡树生长的必要条件。阿拉比卡种咖啡最理想的海拔高度为 600 ～ 2 000 米。通常来说，咖啡树生长的海拔越高，咖啡的味道就越好。

3. 土壤

最适合栽培咖啡树的土壤是排水良好、含火山灰质的肥沃土壤。pH（酸碱性）值为 6 ～ 6.5，最适宜咖啡树的根系发育及植株生长。

三、咖啡树的花和果实

咖啡树的第一次开花期在树龄 3 年左右，是白色的五瓣筒状花朵，在外观和气味上与茉莉花相似。开花时，花朵紧生于咖啡树枝呈簇状，花序浓密而成串排列。一般开花两三天之后即会凋谢，几个月后开始结出果实。

咖啡树的果实为核果，直径约 1.5 厘米，未成熟的果实为绿色，后渐渐变黄，经 6 ～ 7 个月的成熟期后，成熟的果实外皮呈红色。由于其形状与颜色与樱桃相似，因此，外国人称成熟的咖啡果实为樱桃咖啡（Coffee Cherry）。

正常情况下每颗咖啡果实内含有两颗种子，也就是咖啡豆。这两颗豆子各以其平面的一边，面对面直立相连。每个咖啡豆都有一层薄薄的外膜，此膜被称为银皮（Silver Skin）；其外层又披覆着一层黄色的外皮，被称为内果皮（Parchment）。整个咖啡豆则被包藏在黏质性的浆状物中，形成咖啡果肉，果肉软且带有甜味，最外层则为外壳。

四、咖啡树的种类

目前全世界最重要的咖啡豆主要是阿拉比

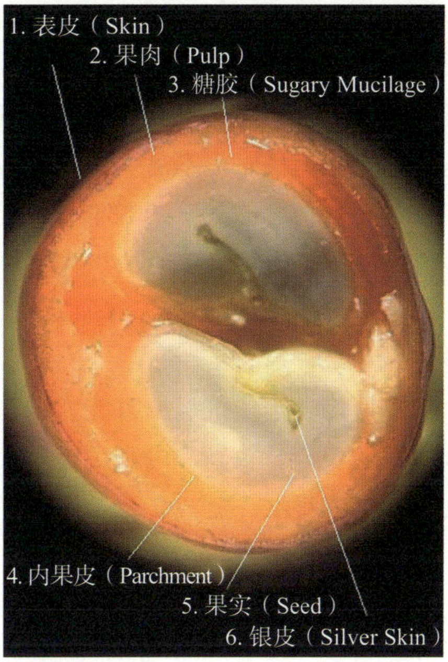

卡、罗布斯塔及利比里亚，这三个品种的咖啡豆是咖啡树的三大原种。一般来说，品质较好、较昂贵的咖啡豆，皆来自阿拉比卡的咖啡树。

1. 阿拉比卡咖啡树

阿拉比卡咖啡的原产地为埃塞俄比亚，其咖啡豆产量占全世界产量的 70%，最早在 1753 年由 Linnaeus 正式分类定义。著名的蓝山、摩卡几乎都是阿拉比卡咖啡树产的咖啡豆。阿拉比卡咖啡树适合种于日夜温差大的高山，以及湿度低、排水良好的土壤；理想的海拔高度为 600 ～ 2 000 米，海拔越高，品质越好。常见的阿拉比卡咖啡树是一种高大的灌木，树叶深绿色、椭圆形，果实椭圆形，7 ～ 9 个月成熟，通常含 2 颗扁平种子。阿拉比卡咖啡树目前在拉丁美洲、非洲中部和东部、印度以及印度尼西亚的部分地区都有种植。

阿拉比卡咖啡树要求土壤肥沃，湿气充足，有适当的日照条件，且其树种对抗病虫害的能力较差，易受损害，单位面积咖啡树的年产量也较低。

2. 罗布斯塔咖啡树

罗布斯塔咖啡原产地在非洲的刚果，其产量占全世界产量的 20% ～ 30%。罗布斯塔咖啡树是一种灌木或者低矮树木，不超过 10 米，果实圆形，11 个月成熟，种子椭圆形，比阿拉比卡咖啡豆小。罗布斯塔咖啡树种植于非洲中部和西部、东南亚，在巴西也有一些，在巴西被称为科尼伦（Conillon）。

罗布斯塔咖啡树适合种植于海拔 500 米以下的低地，对外部环境的适应性极强，能够抵抗恶劣气候，抗拒病虫侵害，在整地、除草、剪枝时也不需要太多的人工照顾，可以任其在野外生长，是一种容易栽培的咖啡树。但是其风味比阿拉比卡种苦涩，品质上也逊色许多，所以大多用来制造即溶咖啡。由于罗布斯塔咖啡树产地在非洲，所以大部分非洲人都喝罗布斯塔咖啡。

罗布斯塔咖啡树抗病虫害能力强，不易遭受农害，单位面积咖啡树的年产量较高，可利用机器大量采收，其生产成本低于阿拉比卡咖啡。

3. 利比里亚咖啡树

利比里亚咖啡树高达 18 米，树叶大而有皮革质地，果实和种子也非常大。利比里亚咖啡树种植于非洲西部和马来西亚，因其香味较淡而需求量小。它的栽培历史比其他两种咖啡树短，所以栽种的地方仅限于利比里亚等少数几个地方，产量不到全世界产量的 5%。

Customer Service in Cafe

咖啡厅服务用语

Usher

（客人抵达咖啡厅）带位

♁ Good morning / afternoon / evening. Welcome to coffee shop.
早上 / 中午 / 下午好。欢迎光临咖啡店。

♁ Have you made a reservation?
请问您订位了吗？

♁ Yes，Mr. Smith. We have arranged a table for you.
是的，史密斯先生。我们已经为您安排了座位。

♁ How many people in your party, sir?
先生，请问几位？

♁ This way please. Be careful of the steps.
这边请。请小心台阶。

♁ How about this table? Mr. Smith.
史密斯先生，请问这个座位好吗？

♁ Mr. Smith，take a seat，please.
史密斯先生，请坐。

课后拓展

1. 查一查（网络或相关书籍）：

（1）滤压壶又称__________，它是由__________（国家）人发明的。

（2）咖啡树的原产地在非洲的__________。

（3）公元 525 年，__________人开始种植咖啡。到 18 世纪，全球__________带和__________带地区广泛种植咖啡，咖啡、__________和__________被称为世界三大饮料。

2. 做一做：

（1）请你简述用滤压壶冲泡咖啡的方法并冲泡一杯单品咖啡，请老师或同学品评。

（2）按照滤压壶的清洗保养知识介绍，对滤压壶进行清洗和保养。

（3）请你上网或从相关书籍中查阅有关咖啡树的资料与图片，用 Powerpoint 或 Word 文档制作一个关于咖啡树（如咖啡树种植、开花、结果，果实由小变大、由青变红等）的资料片。

任务三　哥伦比亚咖啡（比利时壶调制）

今天，我们学习用比利时皇家咖啡壶来调制哥伦比亚咖啡（Colombian Coffee）！首先，需要准备调制咖啡的器具和原料。如表 1-3-1、表 1-3-2 所示。

表1-3-1　器具准备

器具			
	比利时皇家咖啡壶（Belgian Royal Coffee-maker)	咖啡研磨机（Coffee Mill）	细口壶（Water Jug）

	咖啡量勺（Coffee Spoonful）	打火机（Lighter)	咖啡杯（Coffee Cup） 咖啡杯垫碟（Coffee Saucer） 咖啡勺（Coffee Spoon）

比利时皇家咖啡壶看上去真的很有皇家气派啊！

比利时皇家咖啡壶，又名维也纳皇家咖啡壶或平衡式塞风壶（Balancing Siphon），是 19 世纪中期欧洲各国皇室的御用咖啡壶，由英国造船师傅 James Napier 发明。为了彰显皇家气派，比利时工匠精心打造这把造型优雅的壶具，包金铸铜，把原本平凡无奇的咖啡壶，打造得光灿耀眼、体面非凡。

表1-3-2　原料准备

原料			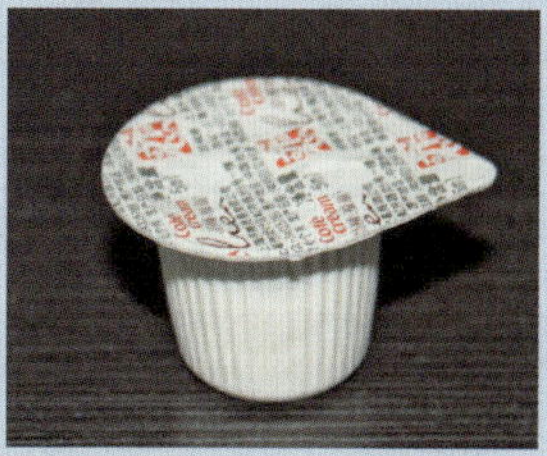
	哥伦比亚咖啡豆（Colombian Coffee Beans）	糖包（Sugar Pack）	奶品（Milk/Cream）

哥伦比亚咖啡是少数冠以国名在世界上出售的原味咖啡，对吗？

对。哥伦比亚咖啡是少数冠以国名在世界上出售的原味咖啡之一。在质量方面，它获得了其他咖啡无法企及的赞誉。哥伦比亚是世界上最大的优质阿拉比卡咖啡豆出口国，是世界上最大的水洗咖啡豆（Washed Beans）出口国。

与其他生产国相比，哥伦比亚更关心开发产品和促进生产。在高度机械化的时代，哥伦比亚咖啡豆仍然采用人工采摘，再加上使用筛滤器严格筛选，每一颗咖啡豆都如翠玉般翠绿且颗粒饱满。经过水洗法的处理，无论深焙浅焙都有其特殊风味，与其他产地咖啡豆都可以很好搭配。正是这一点再加上其优越的地理条件和气候条件，使得哥伦比亚咖啡质优味美，誉满全球。

哥伦比亚咖啡的风味如何？

哥伦比亚特级咖啡的香气浓郁而厚实，带有明朗的优质酸性，高均衡度，有时具有坚果味，中度烘焙时，极具延展性的酸味中带有明显的甘醇口感，令人回味无穷。

如何用比利时皇家咖啡壶来调制哥伦比亚咖啡呢？

下面开始用比利时皇家咖啡壶冲泡哥伦比亚咖啡！具体步骤如表 1–3–3 所示。

表1-3-3　比利时皇家咖啡壶冲泡哥伦比亚咖啡

<table>
<tr><th>步骤</th><th>操作图示</th><th>操作讲解</th></tr>
<tr><td rowspan="3">装水</td><td>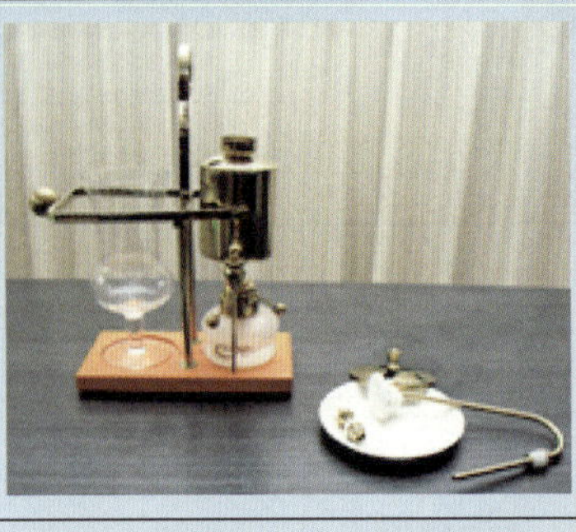</td><td>将虹吸管滤器绑好滤布，取下水箱顶部的水箱塞和玻璃杯的上盖。</td></tr>
<tr><td></td><td>将 400 mL 热水从注水口倒入水箱中。</td></tr>
<tr><td></td><td>拧上水箱塞，一定要用力锁紧，防止漏气。</td></tr>
<tr><td>研磨咖啡豆</td><td></td><td>选择合适的磨豆粗细度研磨咖啡。建议磨豆的粗细度为中度研磨。
具体操作参考任务二。</td></tr>
</table>

续前表

步骤	操作图示	操作讲解
装咖啡粉	 	将研磨好的咖啡粉取 4 ～ 5 平匙（28 ～ 32g），放入玻璃杯中。
装虹吸管	 	将虹吸管滤器放入玻璃杯内，对准容器中心，同时压紧水箱上方塞孔。

续前表

步骤	操作图示	操作讲解
点火	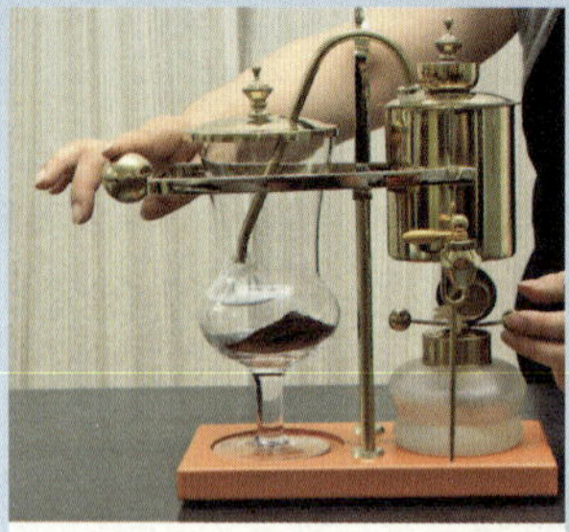 	将重力锤往下压，酒精灯盖打开，卡住水箱后再点火。
咖啡萃取		水箱内因酒精加热蒸汽压力增大，使热水通过虹吸管流到玻璃杯内，开始萃取咖啡。此时水箱因重量减轻而上升，酒精灯盖自然关闭。
		水箱的水流到玻璃杯之后，水箱内为真空状态，因为底部没有加热源，左边玻璃杯内咖啡受空气压力，自动通过虹吸管流入右边水箱内。
咖啡出品		等左边玻璃杯内的咖啡全部流入右边水箱内之后，拧开水箱顶部的水箱塞，使空气可以进入。

续前表

步骤	操作图示	操作讲解
咖啡出品		在水龙头下方放一个温过的咖啡杯，打开水龙头，一杯美味的哥伦比亚咖啡就制作完成了。
		为客人上咖啡前，配上咖啡勺、咖啡杯垫碟，以及客人调制咖啡用的糖和奶品。 咖啡出品后，咖啡师清理台面，清洁器具。

比利时皇家咖啡壶的清洗保养知识

1. 先拆下虹吸管、卸下滤布，滤布洗净晾干后用密封袋装好，放入冰箱待下次使用。

2. 轻轻拍掉（或用搅拌棒）玻璃杯内的咖啡渣后用水冲洗，再用中性洗洁精洗净擦干后，放回原位。

3. 将水箱注水口的水箱塞卸下，向水箱中注入清水冲洗，直至水龙头流出的水是干净的为止。

4. 水箱内部擦不到的地方可以用力甩干，外部用布擦干，确认水龙头呈关闭状态后放回原位。

5. 虹吸管洗净擦干后放回原位。酒精灯内的剩余酒精倒回酒精瓶中，酒精灯座擦拭干净后再放回原位。

实训检测

要求：请你用比利时皇家咖啡壶为客人冲泡一杯哥伦比亚咖啡。实训过程及结果检测可参考表 1-3-4。

表 1-3-4　比利时皇家咖啡壶冲泡哥伦比亚咖啡实训评价表

时间：________　　　姓名：________　　　综合评价：

实训项目	分值	实训要点及标准	学生评价	教师评价	综合评价
咖啡器具及材料准备	15 分	准备器具及材料。			
咖啡豆研磨	15 分	研磨咖啡豆。			
技能操作	40 分	装水。（5 分）			
		装咖啡粉。（5 分）			
		装虹吸管。（10 分）			
		点火。（5 分）			
		咖啡萃取。（10 分）			
		出品。（5 分）			
清洁物品	10 分	清洁咖啡制作器具、吧台等。			
效果	10 分	咖啡液颜色清澈，无杂质。咖啡杯、勺等干净，摆放合理。			
口味	10 分	香气浓郁而厚实，带有明朗的优质酸性。口感则为酸中带甘，低度苦味。			

我的学习心得

知识链接

咖啡浆果的采摘和处理

一、咖啡浆果的采摘

咖啡浆果的采收期以及采收方式因地而异，一般是一年 1～2 次（有时也能达到 2～4 次）。不同地区收获时期也各不相同，通常北半球的收获季节从 9 月份到次年 3 月份，而南半球则是从 4 月份到 8 月份，部分赤道地区的国家则可以全年收获。咖啡浆果的采收方式大致可分为两种，一是手工采摘法，二是机械采摘法。一般用手工采摘的，可以一次从树枝上捋下全部浆果，也可以有选择性地采摘，后一种采摘方式代价比较大，仅适合采摘阿拉比卡咖啡豆。咖啡浆果的采摘方法及优缺点比较如表 1-3-5 所示。

咖啡浆果

表1-3-5　咖啡浆果的采摘方法及优缺点比较

类别	采摘方法	优点	缺点
手工采摘	在咖啡浆果的成熟期，由咖啡农分 7～8 次巡回在咖啡园中进行手工采摘，且每次只采摘成熟了的咖啡浆果。	只摘熟咖啡浆果，品质有保证。	耗费人力，效率低。
	将所有的咖啡浆果从枝头上捋下来，包括成熟的、青的、已经干燥成黑色的，连带着树叶和小树枝一起掉到铺在地上的塑料布上。	效率比只摘熟咖啡浆果的手工采摘方式要高。	品质上比只摘熟咖啡浆果的手工采摘方式降低一个等级。
机械采摘	在平展的大型种植园里，采摘机械在咖啡树的两边工作。两个旋转轴带有长长的震荡臂将果实摇落，掉在机械仓里，人们再将果实收集起来。	效率高。澳大利亚和夏威夷，以及巴西越来越多的新种植园使用机械进行采摘。	机械会同时剥落未成熟的果实和各种杂物，影响咖啡豆品质。

手工采摘

机械采摘

二、咖啡浆果的处理

咖啡浆果必须在采摘后立刻加工处理，以防止果肉发酵和腐烂。咖啡浆果的加工方式主要有两种，分别是干燥法和水洗法。

1. 干燥法

干燥法（Dry Method），又称为非水洗式、天然式或日晒式。

（1）特点：最经济、最简单、最古老的一种方法。操作过程简单，设备投资少，成本相对较低。经此法处理过的咖啡豆具有柔和的酸味与平和的苦味。巴西、埃塞俄比亚、也门等运用此法。

（2）缺点：易受天气影响，混入瑕疵豆和异物的机会多。

（3）加工方法：将采下的咖啡浆果直接摊放在露天晒场，在阳光下充分暴晒，然后不断用耙子进行翻动使其四周都能晒到。晾晒 7 ～ 10 天直至水分含量降低到 11% 左右，咖啡浆果的外皮将会变黄，里面的咖啡豆会晃动作响。之后，以脱壳机将干掉了的果肉、内果皮和银皮去掉。

2. 水洗法

水洗法（Wet Method），又称为湿处理法。

（1）特点：外观均一，品质较高；香味好，好的咖啡豆一般都用此法；光泽好，混入异物少，酸味稍好些。哥伦比亚、墨西哥、危地马拉等采用此法。

（2）缺点：设备成本较高，步骤复杂，生产成本较高，时间处理不好会产生臭味和特殊的酸味。

（3）加工方法：水洗法加工过程见表 1-3-6。

咖啡浆果晾干以后，所有的包裹层都从咖啡豆上剥落下来，这个过程叫做去皮。偶尔也会动用专门为剥除剩下的一点银色外皮而设计的机器，然后根据大小、比重，对咖啡豆进行分级和分类。咖啡豆要么放在传送带上用手分类，要么用鼓风机将轻的（次品）和重的分开。

表1-3-6 水洗法加工过程

水洗法加工过程	水洗法加工过程图解
（1）将果实用清水洗去杂质。	
（2）初步分类。将果实放入一个巨大的水槽内，成熟的果实会沉入水底，与不成熟的果实分开，然后将漂浮在水面不成熟的果实分离出来。	

续前表

水洗法加工过程	水洗法加工过程图解
（3）果肉的分离。将成熟的果实放入果肉分离机里，去掉果皮、果肉。	
（4）发酵。也就是利用酵素的作用，分离覆盖在内果皮上的滑腻胶浆。咖啡豆被储存在发酵箱内 12 ～ 36 小时，所用时间主要是由周围的温度、胶浆的厚度和酵素来决定的。当这个过程完成以后，咖啡豆周围的内果皮不再黏滑，而是有卵石般的手感。	
（5）晒干。发酵后，咖啡豆仍被保存在内果皮壳内，这样的内果皮仍然含有大约 15% 的水分。内果皮必须被干燥到水分含量大约为 11% 时才能保证咖啡豆在一个稳定而安全的环境中储存。	
（6）整个工序完成。一般情况下，咖啡豆会一直以这种形式保持到销售前夕。	

Customer Service in Cafe

咖啡厅服务用语

Service

服务

♁ Here is the menu.

这是菜单。

♁ May I take your order now?

我现在能为您点咖啡吗？

♁ We have Espresso, Cappuccino, Latte, Skinny Latte. What kind of coffee would you like?

我们有意式浓缩咖啡、卡布奇诺、拿铁、脱脂拿铁。您要哪一种？

♁ Would you like hot coffee or ice one?

请问您需要热咖啡还是冰咖啡？

♁ Would you like anything else, please?

请问您还需要点些其他东西吗？

♁ Here is your bill, sir.

先生，这是您的账单。

♁ Here are your change and the bill.

这是您的找零和小票。

课后拓展

1. 查一查（网络或相关书籍）：

（1）__________年，咖啡首次引入哥伦比亚，是由一名牧师从法属安的列斯经委内瑞拉带来的。

（2）比利时皇家咖啡壶又称__________，是19世纪中期欧洲各国皇室的御用咖啡壶，发明人是__________国人__________。

（3）请填写比利时皇家咖啡壶的各部分结构名称。

2. 做一做：

（1）请你简述比利时皇家咖啡壶的使用方法并制作一杯单品咖啡，请老师或同学品评。

（2）按照前面介绍的比利时皇家咖啡壶的清洗保养知识，对比利时皇家咖啡壶进行清洗和保养。

任务四　摩卡咖啡
（摩卡壶调制）

今天，我们学习用摩卡壶来调制摩卡咖啡（Mocha Coffee）！
首先，需要准备调制咖啡的器具和原料。如表 1-4-1、表 1-4-2 所示。

表1-4-1　器具准备

器具			
	摩卡壶（Mocha Coffee Pot）	迷你瓦斯炉（Mini Gas Burner） 不锈钢炉架（Stove Stand）	咖啡研磨机（Coffee Mill）

	细口壶 （Water Jug）	咖啡量勺 （Coffee Spoonful）	咖啡杯（Coffee Cup） 咖啡杯垫碟（Coffee Saucer） 咖啡勺（Coffee Spoon）

摩卡壶的使用原理是什么？

摩卡壶是利用压力使下层壶中的水在合适的温度下产生水蒸气，水蒸气上行，利用蒸汽的压力使水经过填满咖啡粉的滤斗，蒸馏出咖啡的精华，咖啡蒸气再在上层壶中冷却，从而萃取出香浓的咖啡。

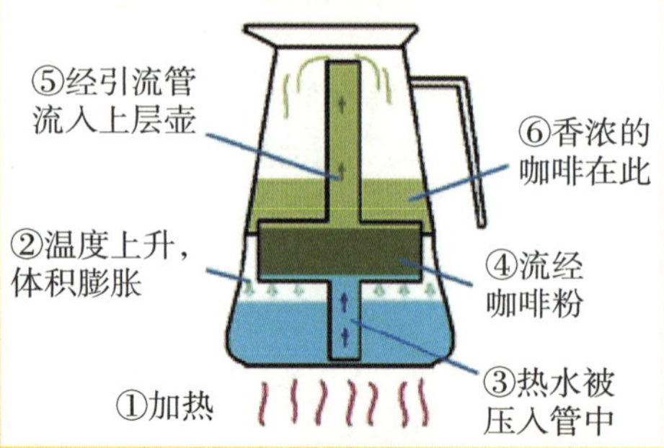

摩卡壶使用原理图

表1-4-2　原料准备

原料			
	摩卡咖啡豆（Mocha Coffee Beans）	糖包（Sugar Pack）	奶品（Milk/Cream）

摩卡咖啡？我曾经喝过的摩卡咖啡好像加了巧克力啊！

所谓摩卡咖啡，其实是用摩卡咖啡豆调制的咖啡和意式摩卡咖啡的统称。在客人点摩卡咖啡的时候，一定要提醒客人注意这一点，问清客人所点的是哪一款摩卡咖啡。

摩卡咖啡豆：来自非洲咖啡发源地——埃塞俄比亚，因早期从也门摩卡港输出至世界各地而得名。虽然摩卡港已经由于淤泥的堆积而退居内陆，但是摩卡港时期摩卡咖啡的产地依然存在，所以仍被称为摩卡咖啡豆。单品咖啡中的摩卡咖啡就是用摩卡咖啡豆调制的咖啡。

意式摩卡咖啡：当用在调味意式花式咖啡上的时候，摩卡是指加了热巧克力、鲜奶油的热咖啡，因为摩卡的原意就是巧克力。

摩卡咖啡壶：在煮咖啡的器具方面，摩卡则是指一种精致小巧的摩卡壶，它是一种利用蒸汽快速萃取咖啡的壶具，此壶以拥有多变的造型著称。

哦，明白啦！用摩卡咖啡豆调制的咖啡风味如何？

摩卡咖啡比较润滑，中酸至强酸，中等醇度，甘性特佳，持久的余韵中带有明显的甘甜，含有巧克力的味道，回味无穷！

如何用摩卡壶来调制摩卡咖啡呢？

下面开始学习用摩卡壶调制摩卡咖啡！具体步骤如表 1-4-3 所示。

表1-4-3　摩卡壶调制咖啡

步骤	操作图示	操作讲解
装水		将摩卡壶上座和粉槽取下。
		将热水倒入摩卡壶下座，高度不要超过泄压阀。

续前表

步骤	操作图示	操作讲解
研磨咖啡豆		选择合适的磨豆粗细度研磨咖啡。建议磨豆的粗细度为细度研磨。 具体操作参考任务二。
装咖啡粉		将咖啡粉装入粉槽，用手或豆勺将多出的咖啡粉抹平。
		用压板轻轻压平咖啡粉。
		清除粉槽边缘的咖啡粉，否则会影响到上座橡胶垫圈的使用寿命。
组装摩卡壶		将粉槽装进下座。
		旋上上座（要旋紧压力才不会泄出）。注意不要对摩卡壶把手施力旋转，这样很容易将把手旋坏。 提示：下座加入热水易发烫，建议包毛巾协助旋转。

续前表

步骤	操作图示	操作讲解
咖啡萃取		将摩卡壶放置于炉架上，打开瓦斯炉加热。
		在加热过程中，会听到快速的“嘶嘶”声，当声音变成“啵啵”声时，表明下座的水通过咖啡粉升至上座。可打开上盖查看，蒸汽孔已经停止冒蒸汽，就表示萃取过程完成。
咖啡出品		将煮好的咖啡倒入温好的咖啡杯中。
		为客人上咖啡前，配上咖啡勺、咖啡杯垫碟，以及客人调制咖啡用的糖和奶品。 咖啡出品后，咖啡师清理台面，清洁器具。

摩卡壶调制咖啡

摩卡壶的清洗保养知识

1. 煮完咖啡后以冷水冲壶降温，降温后即可很轻易地旋开上座（在壶身热的时候很难打开，强力旋开会使螺痕磨损，所以一定要降温后再打开）。

2. 使用后的摩卡壶一定要清洗。在使用过后，壶内多少会留有咖啡油渍，如果没清洗干净，下次再煮时，很容易会有油腻的味道出现，而且橡胶垫圈会受油污损害。

3. 洗过的摩卡壶拆开静置，组合前要确认已干燥。使用一段时间后，要注意金属滤片旁的橡胶垫圈是否完整，如果不密合，是无法煮咖啡的。

4. 聚压式摩卡壶的聚压阀可以拆开来清洗，以一手固定聚压阀的下缘，另一手转开即可。

实训检测

要求：请你用摩卡壶为客人调制一杯摩卡咖啡。实训过程及结果检测可参考表 1–4–4。

表1–4–4　摩卡壶调制摩卡咖啡实训评价表

时间：________　　姓名：________　　综合评价：

实训项目	分值	实训要点及标准	学生评价	教师评价	综合评价
咖啡器具及材料准备	15 分	准备器具及材料。			
咖啡豆研磨	15 分	研磨咖啡豆。			
技能操作	40 分	装水。（5 分）			
		装咖啡粉。（10 分）			
		组装摩卡壶。（10 分）			
		咖啡萃取。（10 分）			
		出品。（5 分）			
清洁物品	10 分	清洁咖啡制作器具、吧台等。			
效果	10 分	咖啡液颜色清澈，无杂质。咖啡杯、勺等干净，摆放合理。			
口味	10 分	润滑，中酸至强酸，中等醇度，甘性特佳，持久的余韵中带有明显的甘甜，含有巧克力的味道。			

我的学习心得

知识链接

认识咖啡豆

一、咖啡豆的种类

目前全球有 60 多个国家种植咖啡豆，而其中又可分为阿拉比卡种、罗布斯塔种、利比里亚种三类。阿拉比卡种是目前主要咖啡豆品种，其香味、品质均较优秀；罗布斯塔种因品质较差，多用来制成即溶咖啡；利比里亚种因品质差、产量少，很少被提及。

1. 阿拉比卡种

（1）优势：种子饱满，品质好。

（2）缺点：较娇贵，惧怕虫害。

（3）原产地为埃塞俄比亚，其咖啡产量占全世界产量的 70%，世界著名的咖啡品种几乎全是阿拉比卡种。

2. 罗布斯塔种

（1）优势：对气候、海拔、土壤等条件要求不高，不怕虫害。

（2）缺点：香气不浓，味苦，偏酸。它的咖啡因含量是阿拉比卡种的 2. 6 倍。

（3）原产地在非洲的刚果，其产量占全世界产量的 20% ~ 30%。大多用来制造即溶咖啡。

阿拉比卡种和罗布斯塔种咖啡豆的比较如表 1-4-5 所示。

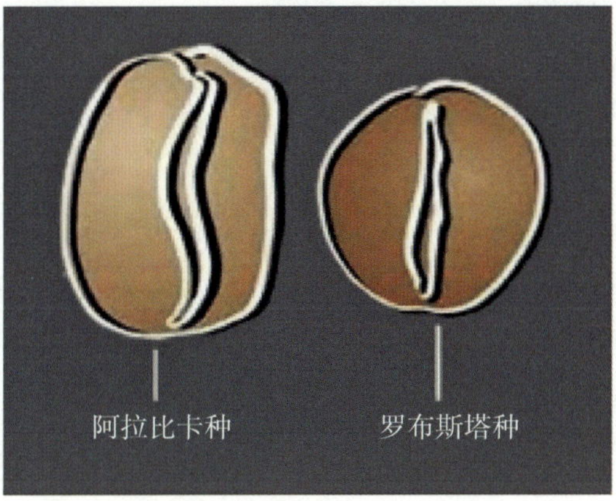

阿拉比卡种　　罗布斯塔种

表1-4-5　阿拉比卡种与罗布斯塔种咖啡豆的比较

	阿拉比卡种	罗布斯塔种
产地	中南美洲热带地区	非洲中西部及东部的马达加斯加岛，亚洲的印度尼西亚
种植条件	海拔 900 ～ 2 000 米的高山坡地	海拔 200 ～ 600 米的高山坡地
人工	需要人工密集照料	不需要太多人力
味道	滋味较丰富	滋味较贫乏，偏苦味
价格	较高	较低，所以多被收购作为即溶咖啡的原料
豆形	豆形较小，正面呈长椭圆形，中间裂纹窄而曲折，豆子背面的圆弧形较平整	豆形较大，正面渐趋圆形，背面成圆凸形，裂纹直，有点像大薏仁

二、咖啡豆的成分

咖啡豆的成分解析

生豆	熟豆
水分：11.3%	水分：2.5%
脂肪：11.7%	脂肪：13.2%
蛋白质：11.8%	蛋白质：12.8%
糖分：8.0%	糖分：1.8%
精华部分：17.1%	精华部分：29.6%
咖啡因：1.3%	咖啡因：1.3%
丹宁酸：6.0%	丹宁酸：4.0%
矿物质：4.2%	矿物质：5.2%
膳食纤维：28.6%	膳食纤维：29.6%

1. 咖啡因（Caffeine）

咖啡因是咖啡所有成分中最引人注目的，其作用极为广泛，会影响人体的脑部、心脏、血管、肠胃、肌肉、肾脏等部位。适量的咖啡因会刺激大脑皮质，促进感觉、判断、记忆、感情等活动，让心肌机能变得较为活跃，血管扩张，血液循环增强，并且能提高新陈代谢机能。咖啡因亦可减轻肌肉疲劳，促进消化液分泌。除此之外，由于咖啡因也促进肾脏机能，帮助机体将多余的钠离子排出体外，所以它不像其他麻醉性、兴奋性物质会积存在体内，它属于水溶性基质，在两个小时左右便会排泄掉。咖啡中的苦味，也是咖啡因造成的。

2. 丹宁酸（Tannic Acid）

经提炼后的丹宁酸会变成淡黄色的粉末，很容易融入水中，一经煮沸过度，它便会分解，使咖啡味道变差。所以咖啡泡了最好尽快喝完。

3. 脂肪（Fat）

咖啡内含的脂肪在咖啡的气味上有极重要的作用。咖啡内含的脂肪分为好多种，而其中最主要的是酸性脂肪和挥发性脂肪。酸性脂肪意指脂肪中含有酸，其强弱会因咖啡种类不同而差别很大。挥发性脂肪是咖啡香气的主要来源，是极复杂又微妙的东西，会散发出 40 多种芳香物质甚至更多。烘焙后的咖啡豆所含的脂肪一旦接触空气，就会发生化学变化，口味、香味都会变差。

4. 蛋白质（Protein）

卡路里的主要来源是蛋白质，而滴滤式泡出来的咖啡，蛋白质多半不会溶出来，所以咖啡喝再多摄取的营养也是有限的，这也是咖啡会成为减肥圣品的原因。

5. 糖分（Saccharide）

咖啡生豆所含的糖分约为 8%，烘焙后糖分大部分会转化为焦糖，因此为咖啡带来独特的褐色。在不加糖的情况下，除了会感受到咖啡因的苦味、丹宁酸的酸味外，还会感受到甜味，这便是咖啡本身所含的糖分所造成的。

6. 矿物质（Mineral）

咖啡内含的矿物质有石灰、铁质、碳酸钠、磷、氯、硅等，因所占的比例极少，所以对咖啡风味的影响并不大，综合起来只带来稍许涩味。

7. 膳食纤维（Dietary Fibre）

咖啡生豆的纤维质烘焙后会炭化，这种碳质和糖分的焦糖化互相结合，形成咖啡的色调，但化为粉末的纤维质会给咖啡的风味带来相当程度的影响。故并不鼓励购买粉状咖啡豆，因为较难尝到咖啡的风味。

Customer Service in Cafe

咖啡厅服务用语

Say Goodbye

送客

♁ Excuse me, sir, how would you like our coffee and dessert, please?

打扰一下，先生，请问您觉得我们的咖啡以及甜品味道如何？

- Thank you for your coming. Welcome come again. See you.
  感谢您的光临。希望您能再次光临。再见。
- We will exciting for your return.
  我们将非常期待您下次的光临。
- Thank you. I hope you enjoy your coffee.
  谢谢！希望您满意。
- Thanks, but we can't take the tip. Thank you very much.
  对不起，我们不收小费。非常感谢您！
- It's my pleasure!
  这是我应该做的。
- It's my honor to serve you.
  为您服务我很荣幸！

课后拓展

1. 查一查（网络或相关书籍）：

（1）摩卡壶可分为__________式和传统式两种。

（2）意式摩卡咖啡怎么调制呢?

2. 做一做：

（1）请你简述摩卡壶的使用方法并制作一杯单品咖啡，请老师或同学品评。

（2）按照前面介绍的摩卡壶的清洗保养知识，对摩卡壶进行清洗和保养。

（3）请你向客人介绍一下不同的摩卡咖啡。

任务五 牙买加蓝山咖啡（虹吸式调制）

今天，我们学习用能萃取出咖啡中最完美部分的虹吸壶冲煮牙买加蓝山咖啡（Jamaica Blue Mountain Coffee）。首先，准备器具和原料。如表 1–5–1、表 1–5–2 所示。

表1–5–1 器具准备

器具			
	虹吸壶（Syphon）	迷你瓦斯炉（Mini Gas Burner）	咖啡研磨机（Coffee Mill）

	搅拌棒（Stir Stick）	咖啡量勺（Coffee Spoonful）	细口壶（Water Jug）

	毛巾（Towel）	咖啡勺（Coffee Spoon）	咖啡杯（Coffee Cup） 咖啡杯垫碟（Coffee Saucer）

虹吸壶是用虹吸的原理来冲煮咖啡吗？

虹吸壶俗称“玻璃球”或“虹吸式”，使用虹吸壶冲煮咖啡是简单又好用的咖啡冲煮方法，也是最普及的咖啡冲煮方法之一。虹吸壶虽然有“塞风壶”的别名，却与虹吸原理无关；而是根据热胀冷缩原理，利用水加热后产生的水蒸气，将下球体的热水推至上壶，待下壶冷却后再把上壶的水吸回来。

表1-5-2　原料准备

原料			
	蓝山咖啡豆 （Blue Mountain Coffee Beans）	糖包（Sugar Pack）	奶品（Milk/Cream）

听说蓝山咖啡是世界上最好的咖啡之一，是什么使它如此特殊？

蓝山咖啡是世界上种植条件最优越的咖啡之一。蓝山山脉位于牙买加岛东部，最高峰海拔 2 256 米，因该山在加勒比海的环绕下，每当天气晴朗的日子，太阳直射在蔚蓝的海面上，山峰上反射出海水璀璨的蓝色光芒，故而得名。种植在海拔 666 米以上的咖啡被称为蓝山咖啡，蓝山区域 666 米以下种植的咖啡称为高山咖啡。指定的牙买加蓝山咖啡只有在蓝山区域才能种植，在金斯敦牙买加岛的东部偏北。这里地处咖啡带，拥有肥沃的火山土壤，空气清新，没有污染，气候湿润，终年多雾多雨（平均降水为 1 980 毫米，气温在 27℃左右），这样的气候造就了享誉世界的牙买加蓝山咖啡。

蓝山咖啡风味如何？蓝山咖啡和蓝山风味咖啡一样吗？

蓝山咖啡拥有所有好咖啡的特质，不仅口味浓郁香醇，而且由于咖啡的甘、酸、苦三味搭配完美，柔和高雅的坚果香，可口的水果酸味，细致滑顺的质感，令人愉悦，充满魅力。蓝山咖啡一般都单品饮用，因产量极少，价格昂贵，所以市面上一般以味道相似的拼配豆调制，称为蓝山风味。蓝山风味咖啡就不是纯正的蓝山咖啡啦！

这么棒的蓝山咖啡如何用虹吸壶冲煮呢？

下面就开始学习用虹吸壶冲煮蓝山咖啡！如表1-5-3所示。

表1-5-3 虹吸壶冲煮咖啡

步骤	操作图示	操作讲解
浸泡滤芯		将滤芯用滤布包好，浸泡在热水中。 提示：新滤芯第一次使用时，应用水与萃取过的咖啡蒸煮去味。用过的滤芯保持干燥或放进冰箱冷藏备用。
装水		将350 mL水注入虹吸壶下壶。 提示：水量根据咖啡杯的大小来定，一人份的咖啡，水量即咖啡杯八分满的水，再加上约30 mL的水。

续前表

步骤	操作图示	操作讲解
装水	 	用干布擦干虹吸壶下壶，先擦下壶两侧，再擦底部。 提示：虹吸壶下壶不能有水滴，防止蒸煮咖啡时下壶受热不均炸裂。
钩好滤芯		将滤器外面的滤布中的水用手挤干。 提示：操作时注意卫生规范。
	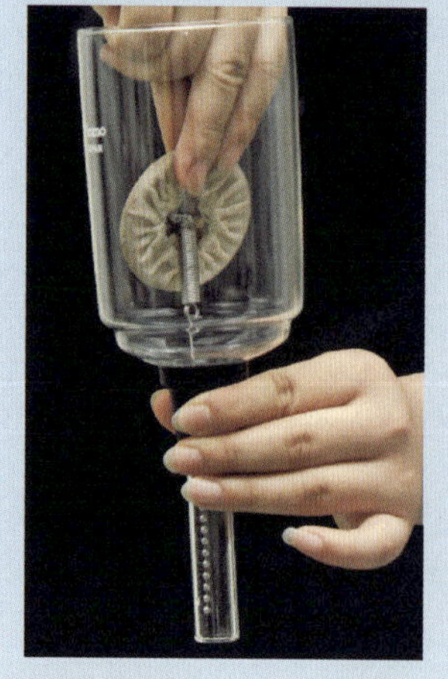	将滤芯放进上壶，固定上壶和滤布的位置，并确定挂链的位置是在中央，用手拉住挂链尾端，轻轻钩在玻璃管末端。如果位置偏了可以用搅拌棒调整。

续前表

步骤	操作图示	操作讲解
钩好滤芯	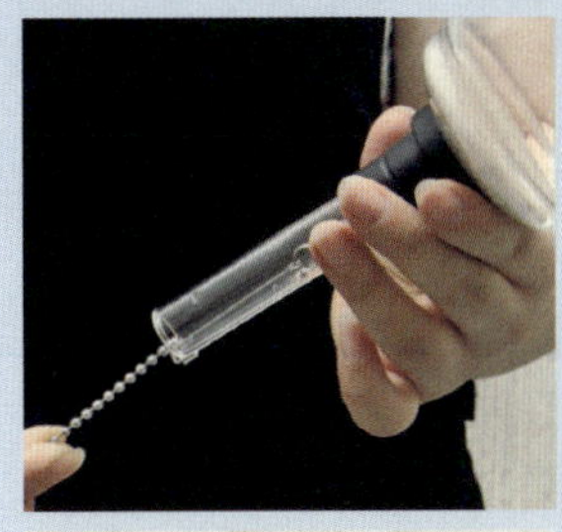 	提示：要避免滤芯与玻璃容器之间出现缝隙，因为缝隙不仅会使咖啡粉落到下面的水中，更会使容器漏气而影响萃取效果。
烧水		将迷你瓦斯炉点燃，置于下壶正下方烧水。
研磨咖啡豆		选择合适的磨豆粗细度研磨咖啡。使用虹吸壶冲煮咖啡，建议磨豆的粗细度为中度研磨。 具体操作参考任务二。
装咖啡粉		将研磨好的咖啡粉放入上壶中，轻拍上壶使咖啡粉表面平整。不要立即插入上壶。

续前表

步骤	操作图示	操作讲解
装咖啡粉		提示：咖啡粉量一人份 18g，两人份 30g，三人份 45g。
咖啡萃取		水沸腾后，将瓦斯炉移到下壶的一边。这样做的目的是调节火候至小火，以降低水温。
		待水温降至 92℃～ 96℃时，插上上壶，即萃取过程开始。 提示：注意操作安全，动作要轻、稳、准。
	 	待水上升至上壶后，用搅拌棒呈十字形搅拌：竖2次，横2次。再呈顺时针螺旋形搅拌 2 ～ 3 次。 第一次搅拌后等待 30 秒，关火，立刻进行最后一次搅拌，动作要轻柔。 提示：注意搅拌棒不要碰到壶底滤布。

续前表

步骤	操作图示	操作讲解
咖啡萃取		用湿布擦拭下壶表面使其快速降温，这时咖啡液会迅速流入下壶。
咖啡出品	 	咖啡液流入下壶后，拔取上壶。一手握住上壶，一手握住下座把手，前后或者左右轻摇上壶，有空气流入即可轻松拔出上壶。 提示：上壶咖啡粉中央膨胀起如小山坡的形状，表明萃取成功。
	 	将下壶中的咖啡倒入温过的咖啡杯中至八分满。 为客人上咖啡前，配上咖啡勺、咖啡杯垫碟，以及客人调制咖啡用的糖和奶品。 咖啡出品后，咖啡师清理台面，清洁器具。

虹吸壶调制咖啡

虹吸壶的清洗保养知识

1. 全部由玻璃制成的虹吸壶相当脆弱，尤其是上壶的玻璃管容易受伤碎裂，清洗及收藏时要特别注意。壶高温时，应避免接触冷水以免造成破裂。

2. 使用后先将上壶的粉渣倒出（可轻拍上壶边缘，方便倒粉），并取出滤芯，再用清水清洗。上壶可用洗杯刷沾少许稀释过的清洁剂清洗，下壶则不用清洁剂，用热水稍做摇晃即可。

3. 滤芯冲洗时要注意避免让咖啡渣流入滤器。滤布、滤芯和搅拌棒洗干净后，应尽量保持干燥。不用时整理好放在冰箱里最好。不要把滤布泡在生水里，易产生细菌。

实训检测

要求：请你用虹吸壶为客人冲煮一杯蓝山咖啡。实训过程及结果检测可参考表 1-5-4。

表 1-5-4　虹吸壶冲煮蓝山咖啡实训评价表

时间：________　　姓名：________　　综合评价：

实训项目	分值	实训要点及标准	学生评价	教师评价	综合评价
咖啡器具及材料准备	15 分	准备器具及材料。			
咖啡豆研磨	15 分	研磨咖啡豆。			
技能操作	40 分	装水，水量是否准确。（5 分）			
		钩好滤芯。（10 分）			
		烧水。（5 分）			
		装咖啡粉。（5 分）			
		咖啡萃取，搅拌次数、时间是否正确。（10 分）			
		出品。（5 分）			
清洁物品	10 分	清洁咖啡制作器具、吧台等。			
效果	10 分	咖啡液颜色清澈，无杂质。咖啡杯、勺等干净，摆放合理。			
口味	10 分	芳香、顺滑、醇厚，香味十分浓郁，有优雅的坚果香。			

我的学习心得

知识链接

咖啡生豆的分级

一、为什么要分级

咖啡原产地的管理方式各不相同，即使同一个地方的咖啡，其质量和风味也各有千秋。因此，为了标示咖啡质量的等级，也为了交易的便利，使咖啡生豆大小均一，利于烘焙的操作，提高咖啡生豆价值，“咖啡分级”就成为一项重要的工作。但是，分级无法百分百呈现咖啡的风味。因此，要想找到好咖啡，测试仍是最好的方法。

二、分级的方法

各国咖啡生豆的处理方式不同，所以产生了各式各样的分级方法，目前并无世界上统一的方法。一个生产国一般只使用一种方法，常用的咖啡生豆分级方法有以下几种。

1. 以咖啡生豆的大小分级

这种分级法是以各种有孔的筛网进行分级，筛网有各种规格，以编号识别，编号与网孔是对应的。网孔的大小以 1/64 英寸（1 英寸等于 2.54 厘米）为计算单位。例如，若网孔的直径是 17/64 英寸，则表示这个筛网的编号是 17。国际惯行的大小有 9 ～ 22。例如，“14”是指可以通过 14/64 英寸网径筛网的咖啡生豆，“19+”是指可以通过19/64英寸网径以上筛网的咖啡生豆。

筛选的过程是将咖啡生豆置于筛网上，经机器或人工摇动后，比网孔小的咖啡生豆会被筛掉，再经由更小号的筛网加以筛选。经过如此层层筛选之后，咖啡生豆的级数就被编出来了。

经过分级以后，区分为AA、A、B、C与PB等级数。AA为最高级，A、B、C依次递减，C级以下的通常拿去当饲料或肥料。另外，圆豆（Pea-Berry）的风味特殊，而且豆子本来就比较小，所以自成一级，即“PB”，通常价格较高。

使用这种分级法的有肯尼亚、新几内亚、波多黎各、津巴布韦、坦桑尼亚与乌干达等。

2. 以瑕疵豆的点数分级

这是最早的分级方法，巴西的许多地区还在使用。鉴定的方法是随机抽取300g的样本，放在黑色的纸上，因为黑纸最能避免反光。然后，由专业鉴定师谨慎检视，找出样本内的瑕疵豆，并按照瑕疵的种类，累计不同的分数。例如，黑豆1粒算1分、小石子1粒算1分、大石子1粒算5分、破碎豆5粒算1分、虫害豆5粒算1分、酸豆2粒算1分、大干果皮1个算1分、中干果皮2个算1分、小干果皮3个算1分、未脱壳豆5个算1分、贝壳豆3个算1分等。鉴定完后，便依照累积的缺点分数评定级别，等级数为NY2～NY8，注意没有NY1。

印尼的咖啡豆也是采用这种分级法，不过等级评定方式有所不同，主要分为6级，即Gr1～Gr6。埃塞俄比亚也采用这种方法，最高等级为Gr2。

3. 以产地的高度分级

一般而言，高山地区由于气候寒冷、咖啡生长速度缓慢，因此，咖啡生豆的密度较高，质地较坚硬，咖啡也较浓醇芳香，并有柔顺的酸味；反之，咖啡生豆的密度较小，质地较不坚硬，则咖啡的品质较差。所以，也有以产地的高度来评判咖啡豆的硬度，并以此对咖啡豆进行分级。这种分级方法可分为下列几种：极硬豆，产地高度在4 500～5 000英尺（1英尺=0.304 8米），简称SHB；高硬豆，产地高度在3 000～4 500英尺，简称GHB；硬豆，产地高度在2 000～3 000英尺，简称HB；太平洋海岸区，产地高度在984～3 280英尺，简称Pacific。

危地马拉、哥斯达黎加、萨尔瓦多、墨西哥、洪都拉斯与海地等美洲国家都是用这种分级法。

4. 美国特种咖啡协会的分级法

美国特种咖啡协会制定的分级法也是按照瑕疵豆的点数将咖啡生豆区分为若干等级的。具体如表 1–5–5 所示。

表1–5–5　美国特种咖啡协会咖啡生豆分类说明

等级	图片	瑕疵累计点数（样品总重量：300 克）
精选级 （Specialty Grade）		1. 可允许瑕疵：0 ～ 5，不允许含有明显瑕疵。 2. 样品大小差异：低于 5%，5% 左右或在规定的范围内。 3. 鉴赏特点：必须在味道、酸味、口感、香味特性中至少有一点出类拔萃。特性将由买卖双方共同决定。经过杯测鉴赏，没有任何瑕疵。 4 . 烘焙差异：0。 5. 湿度：9% ～ 13%。
佳作级 （Premium Grade）		1. 可允许瑕疵：0 ～ 8，允许含有极小的瑕疵。 2. 样品大小差异：低于 5%，5% 左右或在规定的范围内。 3. 鉴赏特点：必须在味道、酸味、口感、香味特性中至少有一点出类拔萃。特性将由买卖双方共同决定。经过杯测鉴赏，没有任何瑕疵。 4. 烘焙差异：＜ 3。 5. 湿度：9% ～ 13%。
可交易级 （Exchange Grade）		1. 可允许瑕疵：9 ～ 23。 2. 样品大小差异：低于 5%。 3. 鉴赏特点：经过杯测鉴赏，没有任何瑕疵。 4. 烘焙差异：＜ 5。 5. 湿度：9% ～ 13%。
低于标准级级 （Below Standard Grade）		可允许瑕疵：24 ～ 86。
淘汰级 （Off Grade）		可允许瑕疵：＞ 86。

Dialogue in Cafe

咖啡厅英语情景对话

Scene Ⅰ：Tom is a returned customer in Cafe.

情景一：汤姆是咖啡厅的回头客。

♂ Waiter: Welcome come back to × × × cafe. What would you like to drink today? Everything as usual? A Blue Mountain Coffee?

男服务员：欢迎回到 × × × 咖啡厅。今天想喝点什么？和以前一样吗？一杯蓝山咖啡？

♂ Tom: Yes.

汤姆：是的。

♂ Waiter: It's your Blue Mountain Coffee. The sugar pack is over there.

男服务员：这是您的蓝山咖啡。糖包那边取。

♂ Tom: Thank you.

汤姆：谢谢。

♂ Waiter: It's my pleasure.

男服务员：这是我应该做的。

课后拓展

1. 查一查（网络或相关书籍）：

（1）虹吸壶又称__________。

（2）虹吸壶的原理是______________________________。

（3）牙买加蓝山地区的咖啡有三个等级：蓝山咖啡、______________和牙买加咖啡。

（4）请看右侧两个图，上图中的“COFFEE INDUSTRY BOARD”（CIB）是什么机构？何时成立？有何职责？含有“CIB”的标志代表什么？下图中的“JAMAICA BLUE MOUNTAIN COFFEE”的标志代表什么？

2. 做一做：

（1）请你简述用虹吸壶冲煮咖啡的操作过程并制作一杯单品咖啡，请老师或同学品评。

（2）按照前面介绍的虹吸壶的清洗保养知识，对虹吸壶进行清洗和保养。

（3）收集不同品种的咖啡生豆，比较其异同，并记录比较结果。

Menu 2　花式咖啡

请问，什么是花式咖啡呢？

所谓花式咖啡（Style Coffee），就是在黑咖啡（Black Coffee）或者单品咖啡的基础上，加入调味品以及其他饮品的咖啡。

比如皇家咖啡、维也纳咖啡和爱尔兰咖啡等，将酒或奶油等与咖啡融合，另有一番风味。

混进不同的东西，就有不同的风味？我要试试加点奶油、酒、香草、可可……尝尝有什么不同。

任务一　皇家咖啡

皇家咖啡是和哪个国家的皇帝有关吗？

是的。具有高贵气质的皇家咖啡（Royal Coffee）据说是由拿破仑发明的，这位伟大的皇帝不喜欢牛奶，他更加喜欢法国的骄傲——白兰地（Brandy）。

据传拿破仑远征苏俄时，因遇酷寒冬天，于是命人在咖啡中加入白兰地来取暖，因而发明了这道咖啡。皇家咖啡后来随着拿破仑的威名流传开来。

皇家咖啡有什么特点呢？

皇家咖啡最大的特点是在饮用时需要用火将白兰地和方糖点燃，当蓝色火焰舞起白兰地的芳醇与方糖的焦香时，再配上浓浓的咖啡香，苦涩中略带着丝丝的甘甜，将法兰西的高傲、法国的浪漫完美地呈现出来。皇家咖啡纯净的咖啡味，甘甜中带有酒香，适合单纯口感的人。这款咖啡具有高贵而浪漫的情调，白兰地醇醇的酒香四溢，十分迷人。

请快告诉我怎么才能调制出如此奇妙的咖啡吧！

好！现在我们就来学习调制具有高贵气质的皇家咖啡。

第一步，准备器具和原料，如表 2-1-1 所示。在 Menu1 的任务中，我们已经学习了单品咖啡的制作，所以，关于咖啡制作的器具就不一一列举啦！

表2-1-1 准备器具、原料

器具		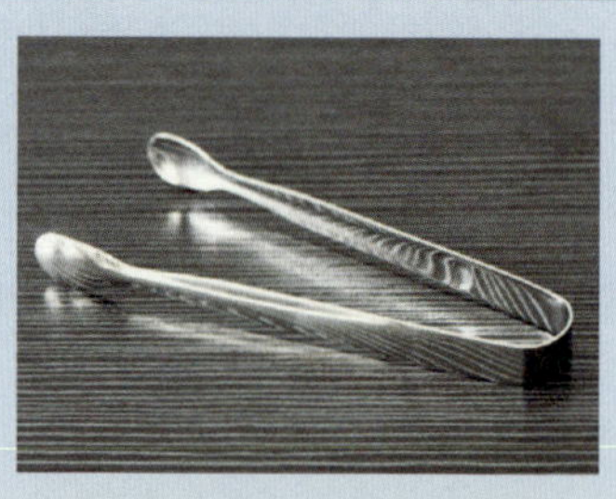	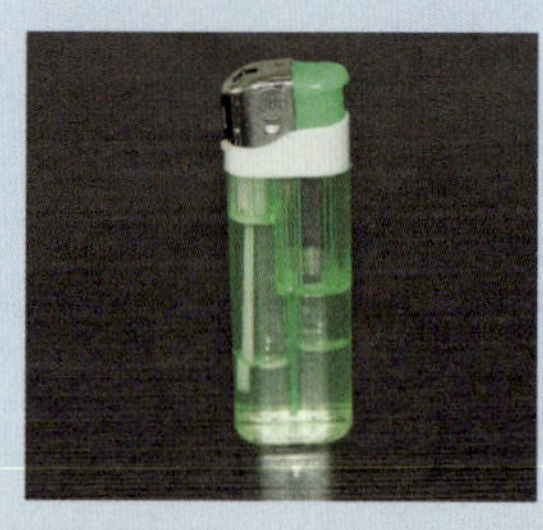
	皇家咖啡勺（Royal Spoon）	糖夹（Sugar Tong）	打火机（Lighter）

	量酒器（Measurer）	咖啡杯（Coffee Cup） 咖啡杯垫碟（Coffee Saucer）	
原料			
	咖啡（Coffee）	白兰地（Brandy）	方糖（Sugar Cube）

关于白兰地

白兰地，是洋酒三大类的其中之一（还有威士忌和葡萄酒）。白兰地就是用发酵过的葡萄汁液，经过两次蒸馏而成的美酒。

说到白兰地，全世界公认法国的最好。而说到法国白兰地，则是产自干邑的白兰地最好。那么，如何来区分干邑白兰地呢？我们可以从白兰地瓶的标签上了解到必要的信息，除了该白兰地的牌子必定印在标签上外，凡是法国白兰地，它必定会印上“法国制造（PRODUCE OF FRANCE）”；凡是干邑白兰地，它必定会印上“干邑（COGNAC）”；凡是干邑中最佳之品质的，它必定会印上“特优香槟干邑（FINE CHAMPAGNE COGNAC）”。

第二步，开始调制皇家咖啡。具体步骤如表2-1-2所示。

表2-1-2 调制皇家咖啡

步骤	操作图示	操作讲解
制作热咖啡		热咖啡可选择不同器具来调制，具体操作步骤参考 Menu 1。
调制皇家咖啡		将皇家咖啡勺架在含有热咖啡的咖啡杯上。
		用糖夹将方糖放在皇家咖啡勺上。
		用量酒器量出 15 ~ 20 mL 的白兰地，轻缓地淋在方糖上，让方糖逐渐吸收。

皇家咖啡调制

续前表

步骤	操作图示	操作讲解
调制皇家咖啡		用打火机加热白兰地使其燃烧（如果用喷射式打火机，则更具欣赏性和安全性）。 即使火熄了，仍可再用打火机加热（除了让酒精燃烧得更完全外，还可以增加焦糖的风味）。
		燃烧结束后，将皇家咖啡勺放在热咖啡中搅拌即可。
咖啡出品		出品前，检查咖啡品质，杯壁是否干净。 提示：点燃焰火可在将咖啡呈给客人以后再展示。 咖啡出品后，咖啡师清理台面，清洁器具。

调制皇家咖啡的注意事项

1. 加入的白兰地等高度酒最多不能超过 30 mL，最少不能低于 8 mL。

2. 喜欢焦糖口味的，可以让酒精燃烧时间长一些，甚至烧干，再将皇家咖啡勺放入杯中搅拌；喜欢酒香味浓的，可以让酒精燃烧时间短一些，再将皇家咖啡勺放入杯中搅拌即可。

3. 这个方法可以广泛运用燃烧金酒、威士忌、白兰地等烈酒，任何想要加入酒香与焦糖香的冰 / 热咖啡均可试用。

4. 在制作过程中，吧台要保持干净、整洁，物品用完要归位。

实训检测

要求：请你用滤压壶为客人调制一杯皇家咖啡。实训过程及结果检测可参考表 2-1 -3 。

表 2-1-3 皇家咖啡调制实训评价表

时间：________ 姓名：________ 综合评价：

实训项目	分值	实训要点及标准	学生评价	教师评价	综合评价
咖啡器具及材料准备	10 分	准备器具及材料。			
技能操作	60 分	研磨咖啡粉。（10 分）			
技能操作	60 分	用滤压壶制作咖啡。（10 分）			
技能操作	60 分	放方糖。（10 分）			
技能操作	60 分	倒白兰地。（10 分）			
技能操作	60 分	点燃焰火。（10 分）			
技能操作	60 分	出品。（10 分）			
清洁物品	10 分	清洁咖啡制作器具、吧台等。			
效果	10 分	咖啡液颜色清澈，无杂质。点燃焰火效果好。咖啡杯、勺干净，摆放合理。			
口味	10 分	甘，醇，具有白兰地醇美的酒香。			

我的学习心得

知识链接

法国的咖啡文化

对法国人来说，咖啡不仅仅是一种饮料，更是一种生活方式。品尝咖啡也是一次社交活动，更是休闲放松的时间。可以说，咖啡文化是法国社会不可分割的一部分。无论是在优雅时尚的巴黎咖啡馆，还是在古色古香的乡村咖啡馆，你都能看到法国人享受咖啡的画面。

法国咖啡文化的历史可以追溯到 17 世纪。最开始的时候，咖啡并不是一种坐下来慢慢品尝的饮料，而是在街头的推车上出售的。巴黎第一家真正的咖啡馆是标志性的普罗可布咖啡馆，它是法国第一家有固定喝咖啡场所的店铺，吸引了一大批知识分子和精英人士，因此声名大噪。普罗可布咖啡馆从不缺少有影响力的顾客，很多哲学家、文学家都经常光顾它，大大提升了咖啡馆的形象价值，让它成为巴黎文化和政治的热点场所。

法国的咖啡礼仪有很多灵感来自意大利的咖啡文化。传统上，加奶咖啡是在早上喝的，也可以和糕点一起品尝，一天中其余时间最常饮用的是浓缩咖啡，通常不与食物搭配，而是作为下午的提神饮料或饭后饮用。法国人喝咖啡会一边端着咖啡杯小口品尝，一边与人闲聊或者观察路人。他们经常在咖啡馆里泡上几个小时，最后也只是喝了一杯咖啡。对他们来说，重要的不是喝咖啡的量，而是体验喝咖啡的这个过程。

法国人热爱咖啡，但更热爱咖啡馆。无论是马路边、阳台上，还是广场上，甚至是屋顶上，你都能看到他们的露天咖啡馆。法国人喜欢在忙碌的生活中寻找一丝属于自己的惬意时光。法国的咖啡文化反映了法国人的生活方式——悠闲、精致、享受、社交。放慢脚步，品味当下，这是法国人对于自身和生活的一种解读。

Dialogue in Cafe

咖啡厅英语情景对话

Scene Ⅱ: Sally goes for some coffee for the first time.
情景二：莎莉第一次去喝咖啡。

♁ Waitress: Good morning. May I help you?
女服务员：早上好。您要点什么？

♁ Sally: This is my first time to drink coffee. Could you please recommend it to me?
莎莉：我第一次喝咖啡。你给推荐一下好吗？

♁ Waitress: Would you like to try Caramel Latte? This is sweet, it has milk and caramel.
女服务员：您要尝试下焦糖拿铁吗？这个是甜的，加了牛奶和焦糖。

♁ Sally: Ok, I' ll try that.
莎莉：好吧，我想试试。

♁ Waitress: Here's your Caramel Latte and a free carrot cake, please enjoy it.
女服务员：这是您的焦糖拿铁咖啡，还有送给您免费品尝的胡萝卜蛋糕，请慢用。

课后拓展

1. 查一查（通过网络或相关书籍）：

（1）你去过哪个咖啡厅？注意到有什么文化特色了吗？

（2）皇家咖啡还有一个有趣的别名，请你告诉大家。

2. 做一做：

（1）请你用虹吸壶调制一杯皇家咖啡请老师或同学品评。

（2）请你向客人演示调制过程并介绍一下皇家咖啡。

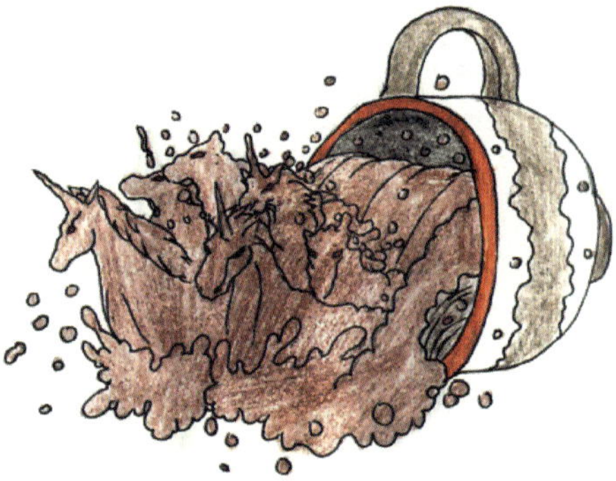

任务二 维也纳咖啡

维也纳咖啡是用维也纳产的咖啡豆调制的咖啡吗？

当然不是啦！维也纳咖啡（Vienna Coffee）是一款花式咖啡，是奥地利最著名的咖啡。在雪白的鲜奶油上，撒着五彩缤纷的七彩糖针，扮相非常漂亮；隔着甜甜的巧克力糖浆、冰凉的鲜奶油啜饮滚烫的热咖啡，更是别有风味！

维也纳咖啡是不是也有自己的故事呢？

关于维也纳咖啡的由来有很多种不同的说法，其中有一个流传得最广。在很久以前，有一位名叫爱因·舒伯纳的敞篷马车夫，他来自维也纳。在一个寒冷的夜晚，他一边等待着主人归来，一边为自己冲泡咖啡，那一刻他不禁想起了自己家中温柔的妻子，一点一点为他搅拌咖啡里的糖和奶油时的情景。马车夫沉醉其中，不知不觉中向杯子里加了很多很多的奶油，却没有搅拌……

多少年来，雪白的鲜奶油上混合着甜甜的巧克力糖浆一起衍化为现在的维也纳咖啡，它的甜美风味迷倒了众多咖啡爱好者。

如何调制甜美风味的维也纳咖啡呢？

下面，我们就来学习调制维也纳咖啡。

第一步，准备器具和原料！如表 2-2-1 所示。

表2-2-1 准备器具、原料

器具	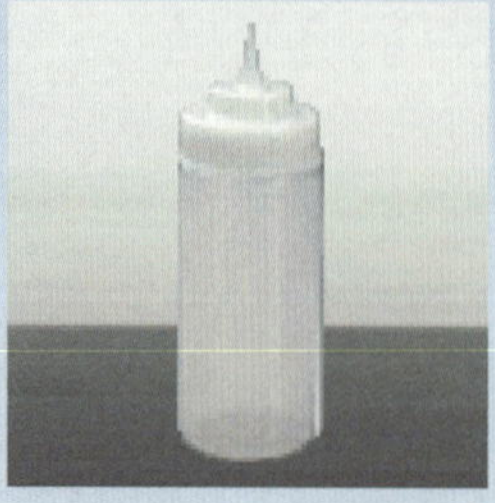		
	挤瓶（Squeeze Bottle）	咖啡勺（Coffee Spoon）	咖啡杯（Coffee Cup） 咖啡杯垫碟（Coffee Saucer）
原料			
	咖啡（Coffee）	发泡式鲜奶油（Whipped Cream）	巧克力酱（Chocolate Sauce）

	七彩糖针（Hundreds and Thousands）		

第二步，开始调制维也纳咖啡。具体步骤如表 2-2-2 所示。

表2-2-2 调制维也纳咖啡

步骤	操作图示	操作讲解
制作热咖啡		用滤压壶冲泡咖啡。 具体操作步骤参考 Menu 1 中的任务二。
调制维也纳咖啡		将咖啡倒入温好的咖啡杯，八分满。
	 	用奶油发泡器由外至内、呈螺旋状在咖啡上挤上一层鲜奶油。
	 	用挤瓶将巧克力酱由外至内、呈螺旋状淋在鲜奶油上，增添风味。

续前表

步骤	操作图示	操作讲解
调制维也纳咖啡		用咖啡勺将七彩糖针撒在鲜奶油上进行装饰。
咖啡出品		出品前，检查杯壁是否干净。 为客人上咖啡前，配上咖啡勺、咖啡杯垫碟。 咖啡出品后，咖啡师清理台面，清洁器具。

品尝维也纳咖啡的方法

维也纳咖啡有着独特的喝法。品尝维也纳咖啡最大的乐趣是享受杯中三段式的美妙：首先是冰凉的奶油，柔和爽口；其次是浓香的咖啡，润滑却微苦；最后是甜蜜的糖浆，即溶未溶的关键时刻，带给人们发现宝藏般的惊喜。

实训检测

要求：请你用滤压壶为客人调制一杯维也纳咖啡。实训过程及结果检测可参考表 2–2–3 。

表 2–2–3　维也纳咖啡调制实训评价表

时间：________　　姓名：________　　综合评价：

实训项目	分值	实训要点及标准	学生评价	教师评价	综合评价
咖啡器具及材料准备	10 分	按要求准备器具及材料。			
技能操作	60 分	研磨咖啡粉。（5 分）			
		用滤压壶制作咖啡。（10 分）			
		注入咖啡。（10 分）			
		挤鲜奶油。（10 分）			
		挤巧克力酱。（10 分）			
		撒七彩糖针（5 分）			
		出品。（10 分）			

续前表

实训项目	分值	实训要点及标准	学生评价	教师评价	综合评价
清洁物品	10 分	清洁咖啡制作器具、吧台等。			
效果	10 分	巧克力酱、七彩糖针适量，与奶油搭配扮相漂亮。咖啡杯、盘干净，摆放合理。			
口味	10 分	香甜可口。奶油，柔和爽口；咖啡微苦却润滑，带有微甜的巧克力味。			

我的学习心得

知识链接

维也纳的咖啡文化

咖啡是维也纳人津津乐道、颇为自豪的一种东西。维也纳人甚至把它和音乐、华尔兹相提并论，称为“维也纳三宝”，可见维也纳人与咖啡的情缘。有人说，维也纳是“五步一咖啡”，这也许是诗人的夸大表述，但维也纳咖啡馆数量不菲却是事实。从街角供人们站着喝的咖啡亭、大学附近学子聚集的咖啡店，到剧院旁、皇城边富丽豪华的咖啡厅，可以说是数不胜数。有的咖啡屋早晨 6 点半即开张，直到凌晨 2 点才打烊。因此，说“音乐之都”的空气里不仅流动着音乐的韵律，而且弥漫着咖啡的浓香，一点也不为过。

喝咖啡在维也纳已成为生活的一部分。在一种悠闲的气氛中，人们只要付一杯咖啡的钱，就可以在咖啡馆会友、下棋、看书、写书、读报（咖啡馆通常会提供许多国家的报纸），或在一个不显眼的角落里看电视。某些咖啡馆有自己的一类顾客——作家或政治家，大多数咖啡馆里则是各类顾客云集。

维也纳最出名的咖啡馆是位于市中心区的中央咖啡馆。第一次世界大战前，这里一直是著名诗人、剧作家、艺术家、音乐家、外交官们聚会的地方。有人说这里是奥地利许多诗歌、剧本、小说的摇篮，这也许有些夸张，但是当年音乐大师莫扎特、贝多芬、舒伯特等都是这里的常客。今天的中央咖啡馆生意十分兴隆，但不管里面多么拥挤，客人还是想待多久就可以待多久，这是维也纳咖啡馆百年不变的传统。在维也纳还有许多知名度很高的咖啡馆，他们总是与一些过去或现在的知名人士有着密切关系。维也纳人喜欢如数家珍地告诉游人，哪些艺术家和作家经常在哪一家咖啡馆聚会，哪些政治家爱在哪一家咖啡馆与记者们见面。

维也纳咖啡种类繁多，从清咖啡到各种成色的加奶咖啡，各有特色，适合不同人的口味，而且都有各自的名称。所以，步入维也纳咖啡馆，如果简单地说要一杯咖啡，会使服务员不知所措，因为至少有 40 多个咖啡品种。无论你要哪一种咖啡，你都会同时得到一杯水——没什么原因，只因为维也纳的水特别清凉可口。但如果服务员给客人送去第二杯水，则示意“您在这里停留的时间太长了”。

维也纳人喜欢甜食，他们多喜欢在点上一杯咖啡的同时，再添一份精致的甜点。维也纳甜点很多，但喝咖啡时人们最喜欢一种维也纳特有的空心圆蛋卷。

咖啡馆备有报纸、画报、杂志供读者阅览是维也纳咖啡馆的一大文化特色，这种特色还有历史渊源。据说在咖啡还没有被广为接受的时候，维也纳不少咖啡馆不得不以免费提供报纸来吸引顾客，因为当时报纸很贵，一份报纸的价钱比一杯咖啡贵两倍。当然，报纸的这种招徕作用在今天已不复存在，但这种做法却保留下来，成为维也纳咖啡馆的文化特色。

Dialogue in Cafe

咖啡厅英语情景对话

Scene Ⅲ：Mr. and Mrs. Browns is in cafe.
情景三：布朗夫妇在咖啡厅。

♁ Waitress：Good afternoon, madam and sir. Here's the menu , sir.
女服务员：夫人，先生，下午好。这是菜单，先生。

♁ Mr. Brown：Thank you. What would you like, Mary?
布朗先生：谢谢。玛丽，你要什么？

♁ Mary：I'll have a peach shortcake and a cup of Black Coffee.
玛丽：我要一客桃子脆饼，一杯黑咖啡。

♁ Waitress：How about you, Sir?
女服务员：您要什么呢，先生？

♁ Mr. Brown：Well, I'd prefer banana fritters with a cup of Mandheling Coffee.
布朗先生：哦，我要香蕉煎饼和一杯曼特宁咖啡。

♁ Waitress：Anything else? What about some strawberries with cream?
女服务员：还要别的吗？来点奶油草莓怎么样？

♁ Mr. Brown：No, not now, thanks.
布朗先生：不用，现在不要，谢谢。

♁ Waitress：So that's a peach shortcake, banana fritters，a Black Coffee and a Mandheling Coffee. Just a moment, please.
女服务员：那么是一客桃子脆饼和一客香蕉煎饼，一杯黑咖啡和一杯曼特宁咖啡。请稍等片刻。

课后拓展

1. 查一查（网络或相关书籍）：
（1）维也纳有三宝：________、________和华尔兹。
（2）请你比较一下维也纳咖啡和康宝蓝咖啡的异同。
2. 做一做：
（1）请你用滤杯调制一杯维也纳咖啡请老师或同学品评。
（2）请你向客人演示调制并介绍一下维也纳咖啡。

任务三　爱尔兰咖啡

听说爱尔兰咖啡还有一个名字——“情人的眼泪”，它背后一定有个凄美的爱情故事吧？

是的，先说说爱尔兰咖啡（Irish Coffee）的故事吧。

爱尔兰咖啡是都柏林机场的一个酒吧的一位酒保为一位空姐调制的。酒保在都柏林机场邂逅了这位做空姐的女孩，他对女孩一见钟情，觉得她就像爱尔兰威士忌（Irish Whisky）一样，浓香而醇美。这位酒保擅长调制鸡尾酒，他希望女孩能喝一杯他亲手调制的鸡尾酒，可以借此认识她。每当这个女孩在都柏林机场转机时，都会去这家酒吧，可是每次来到吧台，她总是随着心情点着不同的咖啡，却从未点过鸡尾酒。酒保苦思冥想后，最终想到了个办法，他把爱尔兰威士忌与咖啡结合，调配成一种新的咖啡，然后将“爱尔兰咖啡”这个名字写在目录的最下角，希望女孩能够发现。

只可惜这个女孩不是细心的人，所以一直没有发现爱尔兰咖啡。酒保也从未提醒她，只是在吧台内做他分内的工作，然后期待女孩每隔一段时间的光临。后来，终于有一天女孩发现了爱尔兰咖啡，并且点了它。而她也成了第一位点爱尔兰咖啡的客人。

从酒保发明爱尔兰咖啡，到女孩点爱尔兰咖啡，经过了整整一年的时间。当酒保第一次替女孩煮爱尔兰咖啡时，因为激动而流下了眼泪。他怕被女孩看到，就用手指将眼泪擦去，然后偷偷用眼泪在爱尔兰咖啡杯口画了一圈。所以第一口爱尔兰咖啡的味道，带着思念被压抑许久后所发酵的味道。

那位女孩非常喜欢爱尔兰咖啡，此后只要一停留在都柏林机场，便会点一杯爱尔兰咖啡。久而久之，他们俩变得很熟识。女孩会跟他说世界各国的趣事，酒保则教她煮爱尔兰咖啡。直到有一天，女孩决定不再当空姐，跟他说“farewell”，即不会再见的再见。酒保最后一次为女孩煮爱尔兰咖啡时，就问了她一句：Want some teardrops？他是希望她能体会思念发酵的味道。

女孩回到旧金山的家后，有一天突然想喝爱尔兰咖啡，找遍所有咖啡馆都没发现。这时她才知道爱尔兰咖啡是酒保专为她而创造的，不过却始终不明白为何酒保会问她：“Want some teardrops?”没多久，女孩开了家咖啡店，也卖起了爱尔兰咖啡。渐渐地，爱尔兰咖啡便开始在旧金山流行起来，最后带着他们的浪漫故事来到世界各个地方。这就是为何爱尔兰咖啡最早出现在爱尔兰的都柏林机场，却盛行于旧金山的原因。

爱尔兰咖啡真是极具浪漫情调的一款咖啡！它的口感是不是又像咖啡又像酒呢？

爱尔兰咖啡确实是一种既像酒又像咖啡的咖啡，它的原料是爱尔兰威士忌和咖啡，特殊的咖啡杯，特殊的煮法，认真而执着，古老而简朴。在热咖啡中倒入爱尔兰威士忌，再加上一层鲜奶油，酒香浓烈，香味纯美，极具爱尔兰风情，适合男士饮用。

如何用特殊的爱尔兰咖啡杯来调制爱尔兰咖啡呢？

下面，我们就来学习调制特殊煮法的爱尔兰咖啡。

第一步，准备器具和原料！如表 2–3–1 所示。

表2–3–1　准备器具、原料

器具		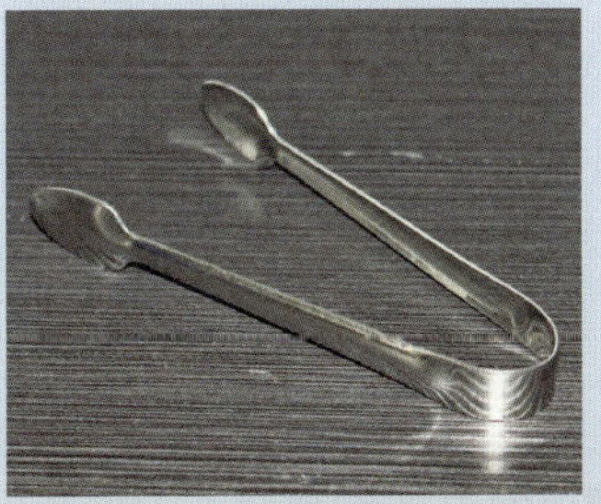	
	爱尔兰咖啡架和杯（Irish Coffee Shelf and Cup）	糖夹（Sugar Tong）	打火机（Lighter）
原料			
	咖啡（Coffee）	爱尔兰威士忌（Irish Whiskey）	方糖（Sugar Cube）

	发泡式鲜奶油（Whipped Cream）		

爱尔兰威士忌

爱尔兰威士忌（Irish Whiskey）是用小麦、大麦、黑麦等的麦芽做原料酿造而成的，经过三次蒸馏，然后入桶陈酿，一般需 8 ～ 15 年。因原料不用泥炭熏焙，所以没有焦香味，口味比较绵柔长润。

爱尔兰威士忌为烈性酒，酒精含量达 40% ～ 43%。其饮用方法灵活多样，除可直接饮用外，也可用汽水、冰或其他饮料冲淡了再饮用，还可加切碎的柠檬片等果品作为饮料饮用（在西欧及日本盛行的饮用方法）。优质的威士忌酒加水稀释后，香型不变，澄清透明。

爱尔兰的威士忌拼法和英美不同，不是“Whisky”，而是“Whiskey”。当地人笑称，多了一个“e”表示爱尔兰的威士忌比英美的威士忌更棒。

第二步，开始调制爱尔兰咖啡。具体步骤如表 2-3-2 所示。

表2-3-2 调制爱尔兰咖啡

步骤	操作图示	操作讲解
制作热咖啡		用滤压壶制作热咖啡。 具体操作步骤参考 Menu 1 中的任务二。
调制爱尔兰咖啡		将爱尔兰威士忌倒入爱尔兰咖啡专用杯中，至杯上标注的第一条黑线。
		用糖夹将一块方糖放入爱尔兰专用杯中。

续前表

步骤	操作图示	操作讲解
调制爱尔兰咖啡		点燃酒精灯。
		将爱尔兰专用杯放在杯架上，持续转动杯脚，使其均匀受热，让方糖溶化。
		看到杯中的方糖微微溶化后，取下爱尔兰专用杯，将火熄灭。
		将咖啡倒入爱尔兰咖啡专用杯至杯上标注的第二条黑线。
		用奶油发泡器由外至内、呈螺旋状在咖啡上挤上一层鲜奶油，爱尔兰咖啡即制作完成。也可在奶油表面倒入少许威士忌，增加酒香气和色泽。
咖啡出品		出品前，检查杯壁是否干净。 咖啡出品后，咖啡师清理台面，清洁器具。

爱尔兰咖啡调制

调制爱尔兰咖啡的注意事项

1. 要保证爱尔兰咖啡专用杯干燥，外壁切忌有水。
2. 在烧制过程中，要不停地转动爱尔兰咖啡专用杯的杯脚，使其受热均匀。
3. 在烧制过程中，看到杯中的方糖微微溶化，有酒香气即可。不能将方糖完全溶化，因为烧的时间过长，酒香气会丧失，只剩酒的辛辣味和糖的甜味。正确的做法是要用热咖啡将糖溶化。
4. 有的咖啡厅调制爱尔兰咖啡，不用杯架，直接在杯中点火，然后转动杯子，让酒在杯中燃烧，这种方式较危险，要慎用。
5. 调制时，用方糖和砂糖均可，但不能用绵白糖。

实训检测

要求：请你用滤压壶为客人调制一杯爱尔兰咖啡。实训过程及结果检测可参考表 2–3 –3 。

表 2-3-3　爱尔兰咖啡调制实训评价表

时间：________　　姓名：________　　综合评价：

实训项目	分值	实训要点及标准	学生评价	教师评价	综合评价
咖啡器具及材料准备	10 分	准备器具及材料。			
技能操作	60 分	研磨咖啡粉。（5 分）			
		用滤压壶制作咖啡。（10 分）			
		倒威士忌，放方糖。（10 分）			
		点燃酒精灯，转动杯脚烧制。（10 分）			
		注入咖啡。（10 分）			
		挤鲜奶油。（10 分）			
		出品。（5 分）			
清洁物品	10 分	清洁咖啡制作器具、吧台等。			
效果	10 分	咖啡色泽为棕褐色，咖啡液面恰好在杯线上，奶油不下沉，造型美观。咖啡杯、盘干净，无咖啡渍。			
口味	10 分	香甜的奶油，伴着咖啡的香气和香醇的酒味。			

我的学习心得

知识链接

咖啡豆的烘焙

在外面喝咖啡，有时会感觉咖啡的味道并不很令人满意。在这种情况下，一般都是咖啡豆的问题，而咖啡豆的好坏，关键取决于咖啡加工的第一步：烘焙，所以烘焙可以决定一杯咖啡 70% 的表现，至于冲煮，则是将剩下的 30% 发挥而已。

一、烘焙前的手工筛选

烘焙是一个很重要的过程，烘焙的技术和过程都是比较复杂的，但烘焙现在也慢慢被咖啡馆和个人所接受。我们在有机会接触烘焙的时候，需要注意些什么呢？以下讲讲烘焙的一些关键环节。

烘焙前最关键的步骤就是对咖啡生豆的筛选，咖啡生豆从产地经过一番加工处理，分级之后运到世界各地。但是，再高级的咖啡生豆，里面还是含有不少的杂豆。咖啡生豆质量的优劣，是由一定量的样品中所含掺杂物的百分比，即“瑕疵数”来决定的。瑕疵数越小，咖啡生豆的质量越高，所以有必要通过机器或者手工将杂豆筛选出来，让咖啡的品质更上一层楼。

杂豆除了会影响咖啡的味道外，更重要的是一些发霉的、虫蛀的咖啡生豆会对人的健康造成不良影响。

鉴赏咖啡生豆的优劣，有下列几个要点：

（1）颜色：无斑点、淡绿而鲜艳者为质量优良的咖啡生豆，这也与咖啡树的种植高度有关，一般而言高山豆及冬天生产的咖啡豆颜色偏绿；而低海拔及春天生产的咖啡豆颜色则偏浅绿。

（2）外形：好的咖啡生豆必须大小一致，应避免变形豆，即使有少量变形豆掺入也要去除。

（3）味道：优质咖啡生豆闻起来有一股清香。同时，要注意避免咖啡生豆沾染上其他异味（如霉味、药味、土腥味等），这通常是因储存不当而引起的。

（4）瑕疵豆：被虫蛀过的咖啡生豆，未成熟的、发酵的咖啡生豆等，皆可通过外观来检视，以上这些瑕疵豆都不应在烘焙前的咖啡生豆中看见。

咖啡生豆分级后，需要在烘焙前对咖啡生豆进行挑选。首先应该准备一个平坦的、干净的平台，把咖啡生豆摊开，通过肉眼把各种被虫蛀过的、未成熟的、发酵的等不合格的咖啡生豆挑出来，然后才再进入烘焙阶段。

一些国外顶级的咖啡烘焙商，会用许多复杂的过程控制技术，来降低有缺陷的咖啡生豆的比例。这个过程包括以紫外线荧光分析，来挑出发霉的咖啡生豆，以及利用三色的映像图，建立每一批咖啡生豆的色彩指纹。有些设备可以发出一种双色光的分类系统，在咖啡生豆即将进入烘焙之前，做最后的筛选，其方式是在咖啡生豆落入容器的过程中，利用光电管挑出其中的坏豆子，然后送信号给空气喷嘴，对准一吹，将坏豆子个别剔除。这种分类的运作方式，速度可高达每秒400颗，这是任何人工剔除所不能比的，且它的精准度非常高。

二、咖啡豆的烘焙过程

经过处理的咖啡生豆需要经过最重要的步骤——烘焙，才能成为可以饮用的咖啡。

咖啡烘焙是指通过对咖啡生豆的加热，使生豆中的淀粉经高温转化为糖和酸性物质，纤维素等物质会被不同程度地碳化，水分和二氧化碳会挥发掉，蛋白质会转化为酶和脂肪，剩余物质会结合在一起，在咖啡豆表面形成油膜层，并在此过程中生成咖啡的酸、苦、甘等多种味道，形成醇度和色调。

咖啡烘焙过程中所发生的反应和变化有以下几方面。

1. 干燥

当咖啡生豆被加热时，生豆内的水分开始蒸发，当温度到135℃左右时，生豆颜色开始改变，由绿色开始发白。

2. 脱水

继续加热，咖啡生豆由绿色转为浅黄色，温度达到 160℃左右时，会散发出烘焙谷物的香气，持续加热，咖啡生豆变为浅褐色。

3. 一爆

当温度达到 190℃左右，脱水完成之后，由于咖啡豆受热膨胀直至破裂形成“一爆”，这时豆子内部会发生一系列热分解反应，其中的焦糖化反应会带来咖啡豆的甜度、深褐色和醇度，“一爆”会持续一分半钟左右的时间。

4. 二爆

继续加热，进入“二爆”。此时豆子内部会发生更剧烈的反应，而且放出大量热量。随着“二爆”的结束，咖啡生豆基本上已经变成黑色，豆体膨胀到原来的 1.5 倍，表面出油，重量减少了 12% ~ 20%。

一般在“二爆”结束后一分钟左右结束烘焙。

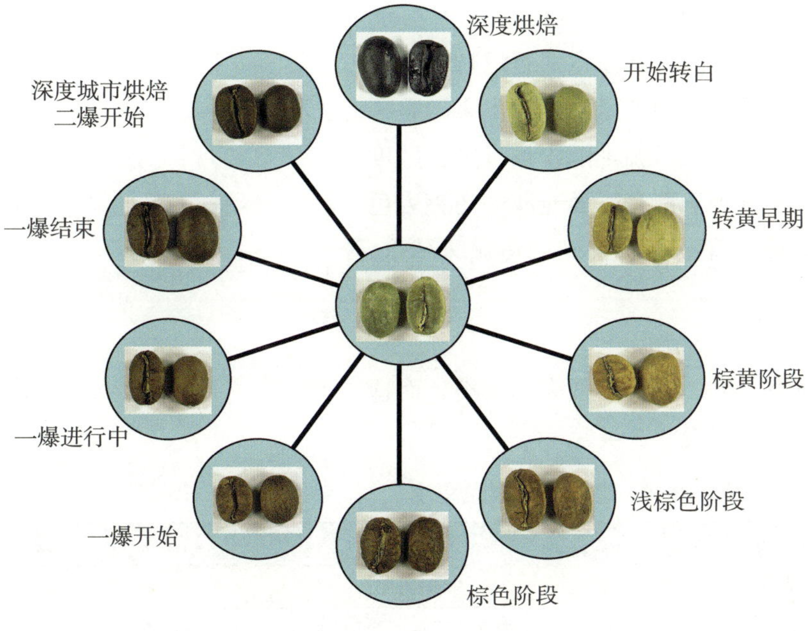

三、咖啡豆的烘焙方法

专业的咖啡一般都实行小批量的烘焙。最常见的烘焙方法有鼓室烘焙法和热空气烘焙法。

1. 鼓室烘焙法

鼓室烘焙法是把咖啡豆放入旋转的大桶中，燃烧煤气或木头对其进行烘焙。当达到预期的烘焙度时，就可以把咖啡豆倒入一个冷却漏斗中，以防止烘焙过度。

2. 热空气烘焙法

热空气烘焙法也叫流态化空气烘焙法，是靠在热空气中翻滚咖啡豆，来进行烘焙。

大多数咖啡生豆都是在近 400℃的高温下进行烘焙的。在烘焙过程中，咖啡生豆的体积会膨胀 50% 以上，而其重量却会下降。

烘焙时间

烘焙时间长短因所需的咖啡种类而变化：

7 分钟——轻度烘焙（Light Roast），典型的美国大众化咖啡。

9～11 分钟——中度烘焙（Medium Roast），这是一种被称为“城市烘焙”的深度烘焙。

12～13 分钟——暗黑烘焙（French Roast），也叫法式烘焙。

14 分钟——特浓烘焙（Italian Roast），也叫意式烘焙。咖啡豆实际上已经开始冒烟了，里面的糖分变成了焦糖并开始烧焦。

轻度烘焙的咖啡豆颜色是介于肉桂色与浅巧克力色之间。由于它的味道偏酸，所以一般不被用于制作意式香浓咖啡。深度烘焙苦甜参半的风味更加浓郁。从咖啡豆中提取出来的香味是与烘焙时间成正比的。烘焙度越深，咖啡因含量越少，酸度也越小。深度烘焙的咖啡豆颜色介于富有缎面光泽的巧克力色到油亮的棕黑色之间。烘焙度越深，你所尝到的焦煳味越重，咖啡豆本身的风味越轻。

四、咖啡豆的烘焙曲线

咖啡豆的烘焙大致可分为轻火、中火、强火三大类，而这三种烘焙又可细分为 8 个阶段，如表 2-3-4 所示。

表 2-3-4　咖啡豆的烘焙程度

序号	烘焙程度	特征	使用方式	阶段
1	轻度烘焙	无香味	检验用	轻火
2	肉桂烘焙	留有强烈的酸味	豆子呈肉桂色，美国西部人士所喜好	轻火（稍强）
3	中度烘焙	香醇，酸味适中	用于综合式咖啡	中火
4	中深度烘焙	酸中带苦	适合蓝山及乞力马扎罗等咖啡，日本、北欧人士喜爱	中火（稍强）
5	城市烘焙	苦味较酸味为浓	适合哥伦比亚及巴西的咖啡，深受纽 约人士喜爱	中火（强）
6	全城市烘焙	无酸味，以苦味为主	适合冰咖啡，为中南美人士饮用	小强火
7	法式烘焙	苦味强，色黑	用于蒸汽加压器煮的咖啡	强火
8	意式烘焙	泛油，色黑	意大利式蒸汽加压咖啡用	大强火

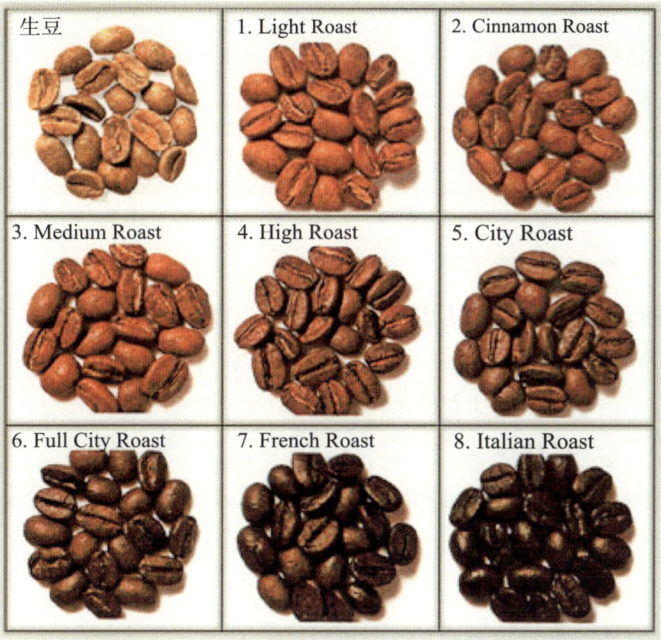

Dialogue in Cafe

咖啡厅英语情景对话

Scene Ⅳ：Recommend the blueberry cake to guest
情景四：向客人推荐蓝莓芝士蛋糕

- Waitress：Good morning, sir. May I take your order now?
  女服务员：早上好，先生。您现在点单吗？
- Guest：Please give me a few minutes. I'm not yet ready.
  客人：再给我几分钟，我还没选好。
- Waitress：Please take your time, sir.
  女服务员：请慢慢挑选，先生。
- Guest：Waitress，I'd like to have a cup of coffee with milk.
  客人：服务员，我想要一杯加奶的咖啡。
- Waitress：Certainly, sir. Would you like me to add milk for you?
  女服务员：好的，先生。要帮您加好牛奶吗?
- Guest：No, thanks.
  客人：不用，谢谢。
- Waitress：Would you like our specialty—the blueberry cake?
  女服务员：请问需要来份我店的特色——蓝莓芝士蛋糕吗?
- Guest：Ok.
  客人：好的。
- Waitress：Ok，sir. So that's a cup of coffee with milk, a blueberry cake.
  女服务员：好的，先生。那么就是一杯加奶的咖啡和一份蓝莓芝士蛋糕。
- Guest：That's right.
  客人：对。
- Waitress：Thank you, sir.
  女服务员：谢谢您，先生。

课后拓展

1. 查一查（网络或相关书籍）：

（1）你还知道其他版本的爱尔兰咖啡的故事吗？

（2）世界各地的城市，对咖啡的烘焙程度都有其不同的偏好，你能说出几个有代表性的城市及其烘焙倾向吗？

（3）专业的咖啡一般都实行__________的烘焙。最常见的烘焙方法有：鼓室烘焙法和__________烘焙法。

2. 做一做：

（1）请你用摩卡壶配合爱尔兰咖啡杯架调制一杯爱尔兰咖啡请老师或同学品评。

（2）请你向客人演示调制并介绍一下爱尔兰咖啡。

Menu 3　意式咖啡

什么是意式咖啡呢?

所谓意式咖啡（Italian Coffee）就是由意式咖啡机煮出来的咖啡，一般称为意式浓缩咖啡（Espresso）。其原理是由适当的压力（水的压力 9Bar）及合适的水温（90℃ ±5℃）的水快速地（18～30 秒）通过咖啡粉（6.5g ± 1.58g/ 杯）而萃取出来的咖啡液（20 ～ 30 mL）。

意式浓缩咖啡通常是其他意式咖啡的基底咖啡，卡布奇诺、拿铁、摩卡等都是很有名的意式咖啡。

任务一　意式浓缩咖啡

意式浓缩咖啡（Espresso）这个名字是怎么来的呢？

“Espresso”这个词出自意大利语“快速”，因为意式浓缩咖啡的制作及送到消费者手里的速度都相当快。意式浓缩咖啡就像暖蜜似的从过滤器里缓缓滴落，呈深红棕色，油脂含量达到 10% ～ 30%。

哦，这款咖啡制作应该很简单啦！只要会使用意式咖啡机就好啦？

做好意式浓缩咖啡可没有想象的那么简单！

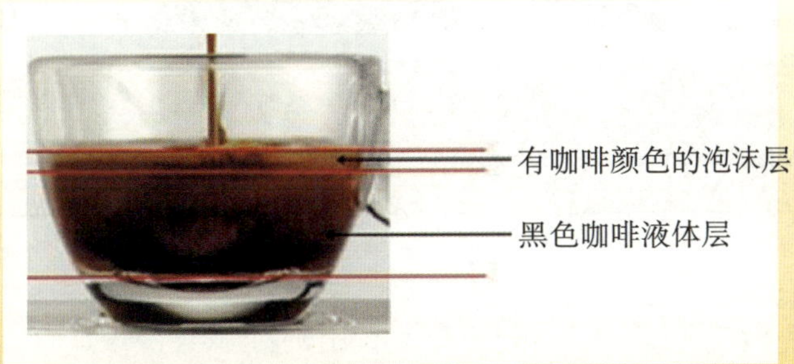

意式浓缩咖啡的制作包含四个要素：

——一种正确的混合咖啡豆的研磨方法；

——混合咖啡豆；

——制作意式浓缩咖啡的机器；

——咖啡师的熟练技术手法。

只有这四个要素中的每一个要素都被精确地掌握，制作出的意式浓缩咖啡才是最棒的。

第一步，准备制作意式浓缩咖啡的器具和原料！如表 3-1-1 所示。

表3-1-1　准备器具、原料

器具			
	意式半自动咖啡机（Semi-automatic Espresso Maker）	咖啡研磨机（Coffee Mill）	咖啡杯（Coffee Cup） 咖啡杯垫碟（Coffee Saucer） 咖啡勺（Coffee Spoon）
原料			
	综合咖啡豆（Blended Coffee Beans）	方糖（Sugar Cube） 糖罐（Sugar Basin） 糖夹（Sugar Tong）	牛奶（Milk） 奶盅（Milk Bowl）

第二步，下面开始制作意式浓缩咖啡！具体步骤如表 3-1-2 所示。

表3-1-2　意式半自动咖啡机调制意式浓缩咖啡

步骤	操作图示	操作讲解
启动咖啡机		打开咖啡机电源开关，将粉碗及咖啡杯预热。 从机器上摘下温的粉碗，擦拭干净。

续前表

步骤	操作图示	操作讲解
研磨咖啡粉	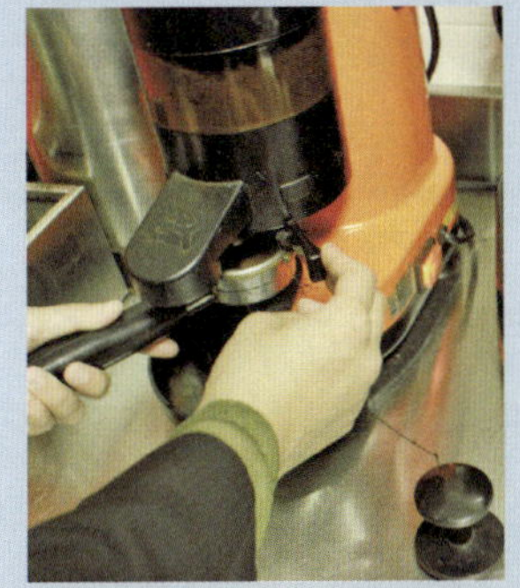	打开咖啡研磨机，把粉拨入粉碗中，快满时关掉咖啡研磨机。 提示：意式半自动咖啡机要求咖啡粉的研磨度为极细，因此需要使用专业电动咖啡研磨机。
填装咖啡粉		当手柄中的咖啡粉形成山形后，用手指铺平粉碗中的咖啡粉，然后把粉碗周围的落粉用手擦掉。
	 	填压咖啡粉。第一次以约20kg的压力，将咖啡粉表面压平、压紧，第二次再将落下的咖啡粉压平，旋转打磨光滑。
咖啡萃取	 	放掉咖啡机的水，让温度到达适合萃取的温度，然后扣上粉碗，放好已经温过的杯子。

意式浓缩咖啡制作

续前表

步骤	操作图示	操作讲解
咖啡萃取	 	按咖啡机的萃取按钮，萃取1盎司左右的咖啡。 关闭咖啡机的萃取按钮。一杯意式浓缩咖啡就制作完成了。
咖啡出品	 	咖啡师出品前要检查出品咖啡的品质。一杯新鲜的意式浓缩咖啡的表面应浮着一层厚厚的呈棕红色的油脂。 为客人上咖啡前，配上咖啡勺、咖啡杯垫碟，以及客人调制咖啡用的糖和奶品（也可配上甜点）。 咖啡出品后，咖啡师清理台面，清洁器具。

意式咖啡机的清洁保养

每次：每次制作完咖啡以后，必须将咖啡手柄清洁干净，然后将手柄放在咖啡机出品头上。

每日：冲洗水龙头，用密封滤网回流清洗出水龙头。撬下把手滤网彻底清洗，清洁沥水板，擦净蒸汽管、温杯板、外壳。将粉仓剩余的粉清理掉，用干净的软毛刷彻底刷干净。

每周：用密封滤网加咖啡机专用清洁粉清洗水龙头和上滤网。用温水加中性清洁剂清洗豆缸，并晾干。

每月：检查滤水器和软水器的工作状况，如有必要则更换滤水器滤芯、再生软水器。

每年：用水样试纸测机器出水龙头的水硬度，在9左右是适合的。

实训检测

要求：请你为客人调制一杯意式浓缩咖啡。实训过程及结果检测可参考表 3–1–3。

表 3–1–3　意式浓缩咖啡制作实训评价表

时间：________　　姓名：________　　综合评价：

实训项目	分值	实训要点及标准	学生评价	教师评价	综合评价
咖啡器具及材料准备	10 分	准备器具及材料。			
技能操作	60 分	咖啡机开机预热。（10 分）			
		研磨咖啡粉。（10 分）			
		填装咖啡粉。（20 分）			
		咖啡萃取。（10 分）			
		出品。（10 分）			
清洁物品	10 分	清洁咖啡制作器具、吧台等。			
效果	10 分	咖啡表面浮着一层厚厚的呈棕红色的油脂。咖啡杯、勺等干净，摆放合理。			
口味	10 分	口感浓厚，具有浓郁的口味和香气。			

我的学习心得

知识链接

咖啡豆的购买与保存

想喝一杯香浓美味的咖啡并不难，但必须知道如何选购及保存咖啡豆。不当的保存方法会影响咖啡的品质和风味。

一、选购熟豆的方法

选购熟豆有三个步骤：闻、看、剥。

1. 闻

将咖啡豆靠近鼻子，深深地闻一下，是不是可清楚地闻到咖啡豆的香气，如果是的话，表示咖啡豆够新鲜；若是香气微弱，或是已经开始出现油腻味的话（类似花生或坚果放久了所出现的味道），表示咖啡豆已经完全不新鲜了。这样的咖啡豆，花再多的心思去研磨、去煮，也不可能煮出一杯好咖啡来。

2. 看

将咖啡豆放在手上摊开来看，确定咖啡豆的产地及品种，也确定一下咖啡豆是否烘焙得均匀。轻度烘焙的咖啡豆如果出油严重，则表示已经变质；深度烘焙的咖啡豆表面不见油光则表示放太久了，都不是新鲜的咖啡豆。拿一颗咖啡豆放入口中咬两下，有清脆的声音表示咖啡豆保存良好没有受潮。

如果要买单品的咖啡豆，除了按照上述的标准判断之外，还要看一看每颗咖啡豆的颜色、颗粒大小，形状是否相似，免得买到混合豆。如果买的是混合豆，颜色、颗粒大小、形状不同就很正常了。

3. 剥

拿一颗咖啡豆，试着用手剥开看看，如果咖啡豆够新鲜的话，应该可以很轻易地剥开，而且会有脆脆的声音和感觉。若咖啡豆不新鲜的话，你会发现好像必须很费力才能剥开一颗咖啡豆。

把咖啡豆剥开还有另一个重点可观察，就是可看看烘焙时的火力是不是均匀。如果均匀，咖啡豆的外皮和里层的颜色应该是一样的。如果表层的颜色明显比里层的颜色深很多，则表示在烘焙时的火力可能太大了，这对咖啡豆的香气和风味也会有影响。

二、购买咖啡豆的注意事项

购买咖啡豆时，首先要选择生意兴隆的咖啡店购买，以保证买到的咖啡豆是最新鲜的。烘焙豆的鲜度是咖啡的生命，因此放置新鲜咖啡豆的仓库也很关键，要选择存放场所清洁、没有旧豆的油残留、没有日光直射的店铺购买。另外，有一些咖啡店也卖自家烘焙的新鲜咖啡豆，选择自己熟悉的咖啡店购买也是好方法。购买烘焙豆时，可直接告诉店员自己的喜好，让其为你挑选。

购买咖啡豆后请店里研磨时，务必要将所使用的冲泡咖啡器具等告知店员，因为不同的器具，如滤杯、虹吸壶、摩卡壶等对咖啡粉的研磨粗细度要求不同。在超市购买罐装咖啡粉时，可按照标示（豆的种类或味道的倾向等），随自己的喜好选择购买。

三、咖啡豆的保质期与新鲜期

1. 咖啡豆的保质期

咖啡豆的保质期只是咖啡豆可以保存的时间，但不是咖啡豆的新鲜期。

2. 咖啡豆的新鲜期

（1）烘焙后装入包装的咖啡豆，新鲜期不超过 6 个月。

（2）打开包装后的咖啡豆，新鲜期不超过 1 周。

（3）将豆子倒入磨豆机，新鲜期则只有几分钟。

（4）新磨的咖啡粉的新鲜期不超过 40 秒。

所以，购买咖啡豆时，注重品质要看新鲜期，否则咖啡的香气会不足。要使咖啡的物理和化学变化减至最小，包装是一门非常重要的学问。咖啡豆由于接触空气面较小，因此比研磨后的咖啡粉在品质及风味的保存上较易持久。为了保持咖啡的香味，可尽量在要冲煮咖啡时再开始研磨咖啡豆。已研磨好的咖啡粉如果无密闭容器时，可存放在冰箱的冷冻（零下温度）储藏室内。

四、咖啡豆的保存

1. 影响咖啡豆保存的三大要素

影响咖啡豆的三大要素为温度、湿度、日光。烘焙过的咖啡豆很容易与空气中的氧气产生氧化作用，使其所含的油脂劣化，芳香也挥发消失，再加上温度、湿度、日光等因素的作用更会加速其变质。因此，为了保持咖啡的香味和品质，如何包装、保存咖啡豆就成了一门大学问。

咖啡豆在烘焙后会产生相当于体积三倍的二氧化碳，因此，咖啡豆的包装除了要避免与空气接触外，还需要处理咖啡豆产生的二氧化碳。

2. 咖啡豆包装的基本原则

包装是确保咖啡豆品质的重要环节。咖啡豆包装一般要遵循以下基本原则。

（1）避免与氧气接触。氧气是导致咖啡豆氧化的主要因素之一。在储存咖啡豆时，应减少咖啡豆与氧气的接触，延长咖啡豆的保鲜期。

（2）防止光照。光照会降低咖啡的品质，因此储存咖啡豆时应选择阴暗的储存位置，包装袋应该具备良好的光线阻隔能力。

（3）防潮保湿。湿气会导致咖啡豆吸潮，加速氧化过程，降低咖啡豆的新鲜度。因此，储存咖啡豆时应该选择干燥的地方，并使用具有防潮效果的包装材料。

（4）坚固耐用。咖啡豆包装袋应该足够坚固和耐用，以免在储存或运输过程中被损坏。

3. 咖啡豆包装的类型

要保持咖啡豆的新鲜和优质，正确的包装和保存方法是至关重要的。常见的烘焙咖啡豆包装分为罐装和袋装。

（1）罐装。罐装一般是使用密封玻璃罐或金属罐来存放咖啡豆。这种包装方式具有很好的密封性，能够有效防潮和防氧化。金属罐还能很好地隔绝阳光，减少光照对咖啡豆的影响。不过，使用罐装方式包装的咖啡豆需要尽快使用，因为一旦打开，咖啡豆的新鲜度会很快下降。

（2）袋装。袋装一般分为非气密性包装、真空包装、单向排气阀包装和加压包装。

①非气密包装。非气密包装也称为无压力空气包装。这种包装可以简单地隔绝水分，减少风味流失和光照对咖啡豆的影响，但由于容器里的空气长时间接触，咖啡豆氧化严重，保鲜期较短，一般只用于咖啡豆短时间的存储。

②真空包装。真空包装是一种常用的咖啡豆包装方式，这

种包装方法可以有效隔绝空气，延长咖啡豆的保鲜期。但真空包装的咖啡豆一旦开封，就会迅速暴露在空气中，因此也需要尽快使用。

③单向排气阀包装。这是目前采用比较多的咖啡豆包装方法。烘焙好的咖啡豆会持续释放二氧化碳，单向排气阀的工作原理是：当包装袋内的压力高于外部压力时，阀门会自动打开，排出多余的二氧化碳，防止包装袋鼓爆；而当包装袋内的气压降至低于外部压力时，阀门会自动关闭，阻止外部空气进入包装袋。单向排气阀保证了咖啡豆不被氧化，但由于有放气过程，咖啡豆的香味会有一点损失。

④加压包装。加压包装是比较昂贵的咖啡豆包装方式，但能保存咖啡豆达两年之久。咖啡豆在烘焙好之后就进行真空包装，加入一些惰性气体后，包装内保持合适的压力。此类包装可以保证咖啡豆不被氧化，同时香味不会流失，可存储时间更长。

Dialogue in Cafe

咖啡厅英语情景对话

Scene Ⅴ：The guest ordered a cup of Espresso
情景五：客人点了一杯意式浓缩咖啡

♁ Waiter：Good morning，sir. What would you like to order?
男服务员：早上好，先生。您要点什么？

♁ Guest：I'd like a cup of coffee please.
客人：我要一杯咖啡。

♁ Waiter：What kind of coffee would you like?
男服务员：您要哪一种？

♁ Guest：Espresso，please.
客人：请给我一杯意式浓缩咖啡。

♁ Waiter：Here you are. You'll find the sugar just over there.
男服务员：给您。砂糖就在那边。

课后拓展

1. 查一查（网络或相关书籍）：

（1）__________是现今世界上唯一还保留着咖啡木桶包装的国家。

（2）市场上销售的意式咖啡机器有很多种，以锅炉的冲压加热方式来分的话，大致可分为四种，分别为__________、__________、双锅炉系统和多锅炉系统。

2. 做一做：

（1）请你调制一杯意式浓缩咖啡请老师或同学品评。

（2）请你用摩卡壶和意式半自动咖啡机各调制一杯浓缩咖啡，比较一下二者的异同。

任务二　卡布奇诺咖啡

卡布奇诺咖啡的名字是怎么来的呢?

谁也不会想到，卡布奇诺（Cappuccino）的名字和修士的道袍有关。

创设于 1525 年的圣芳济教会（Capuchin）的修士都穿着褐色道袍，头戴一顶尖尖的帽子。圣芳济教会传到意大利时，当地人觉得修士的服饰很特殊，就给它们取了个 Cappuccino 的名字，此词的意大利文是指宽松长袍和小尖帽。意大利人爱喝咖啡，发觉浓缩咖啡、牛奶和奶泡混合后，颜色就像是修士所穿的深褐色道袍，于是就给牛奶加咖啡又有尖尖奶泡的饮料，取名为 Cappuccino，这就是卡布奇诺咖啡名字的由来。

如果客人询问，我该如何向客人描述卡布奇诺咖啡呢?

传统的卡布奇诺咖啡是三分之一浓缩咖啡，三分之一蒸汽牛奶和三分之一泡沫牛奶。

浓缩咖啡的浓郁口味，配以润滑的奶泡，有一种让人无法抗拒的独特魅力。起初闻起来味道很香，第一口喝下去时，可以感觉到大量奶泡的香甜和酥软，第二口可以真正品尝到咖啡豆原有的苦涩和浓郁，最后当味道停留在口中，又会觉得多了一份香醇和隽永……一种咖啡可以喝出多种不同的独特味道，也许这就是卡布奇诺风靡全世界的原因吧!

下面，我们就来学习调制卡布奇诺咖啡。
第一步，准备器具和原料！如表 3-2-1 所示。

表3-2-1　准备器具、原料

器具			
	意式半自动咖啡机（Semi-automatic Espresso Maker）	咖啡研磨机（Coffee Mill）	拉花杯（Milk Steaming Pitcher）
原料			
	咖啡杯（Coffee Cup） 咖啡杯垫碟（Coffee Saucer） 咖啡勺（Coffee Spoon）	综合咖啡豆（Blended Coffee Beans）	大勺（Spoon）

	牛奶（Milk）		

第二步，调制卡布奇诺咖啡，首先要制作基底咖啡意式浓缩咖啡，然后打奶泡，最后进行调制！具体步骤如表3-2-2 所示。

用蒸汽奶泡机制奶泡的方法

1. 先不要将蒸汽管伸进牛奶中，因为蒸汽管中可能有一些凝结的水，要先把前段的蒸汽放掉一些，以排出多余的水分。

2. 将温度计插入容器中，然后将蒸汽管斜插入牛奶里，打开蒸汽开关。

3. 慢慢地把蒸汽喷嘴的位置调整到距离牛奶表面一点点的地方，但是千万不要高于液面，否则牛奶会溅得到处都是。当位置正确的时候会听到一种平稳的“嘶嘶”声，否则就会很大声或是几乎没有声音。

4. 当奶泡充足之后，就可以将蒸汽管埋深一点，让蒸汽继续替牛奶加温。蒸汽管埋的角度最好是刚好可以使牛奶旋转。

5. 温度达到 65℃～ 70℃的时候，就可以关掉蒸汽开关。

6. 用湿抹布将附着在蒸汽管上的牛奶擦干净，同时再放出一些蒸汽，以免牛奶干了之后难以清理。

表3-2-2　调制卡布奇诺咖啡

步骤	操作图示	操作讲解
制作意式浓缩咖啡		具体操作步骤参考 Menu 3 中的任务一。 咖啡杯要用卡布奇诺咖啡杯。
打奶泡		在拉花杯中倒入适量的牛奶。

续前表

步骤	操作图示	操作讲解
打奶泡		将咖啡机蒸汽喷嘴放入拉花杯底部。把蒸汽打开，慢慢地将蒸汽喷嘴抬高直到它接近牛奶表面。当牛奶被蒸汽拱起，再将蒸汽喷嘴的位置下调，直至它距离牛奶表面 1 厘米左右。 提示：在制作过程中，不应该出现大的牛奶泡沫。
	 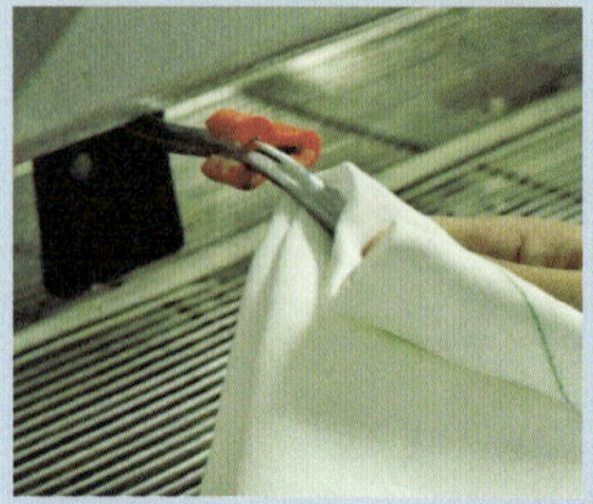	当牛奶温度达到 25℃左右时，将蒸汽喷嘴深入拉花杯抵住拉花杯的一边，并调整拉花杯的位置，使拉花杯中的牛奶呈逆时针方向旋转，直至牛奶的温度达到 65℃ ~ 70℃。蒸汽停止以后，将蒸汽喷嘴从拉花杯中移出，立即用湿布把它擦拭干净，并再放一些蒸汽出来。
咖啡调制		如果发现拉花杯里有较明显的气泡，把拉花杯在吧台上用力磕震几下，然后再旋转牛奶二三十秒。
		将咖啡杯摆好，开始倒牛奶。倒牛奶时，用大勺挡住奶沫，从中间注入至七分满（拉花杯不要贴着咖啡杯壁，也不要离杯口太远）。

牛奶打发奶泡技巧

续前表

步骤	操作图示	操作讲解
咖啡调制		用大勺拨奶沫，注意往咖啡杯中间拨，直至咖啡杯满为止。
咖啡出品		出品前，检查杯壁是否干净，将咖啡勺放在咖啡杯右侧，呈给客人即可。可随客人个人喜好，洒上少许肉桂粉或巧克力粉。 咖啡出品后，咖啡师清理台面，清洁器具。

卡布奇诺咖啡制作

奶泡质量的要求标准

第一个标准：表面要能反光，细腻、滑口。

第二个标准：表面没有一个粗泡沫。这个需要很到位的奶泡控制能力，当然这也是反光的前提。直径大于1mm的都叫粗泡沫。

第三个标准：在加奶量一致的情况下（都加在缸嘴底部的位置），不管打六成满还是七、八、九成或全满，打出的温度要一致。

第四个标准：以世界咖啡师大赛（World Barista Championship，WBC）标准杯做两杯Cappuccino，奶泡倒入杯后，拉花缸里应一滴不剩，即要多少奶泡就只打多少奶泡。

以上这四个标准做到了，无论在视觉、手感和技术上，都是一缸不错的奶泡。此外，还有一个听觉上的标准，刚打好的奶泡，一定要听不到很连续的爆破声，这才能保证奶泡在杯中的持久。

实训检测

要求：请你为客人调制一杯卡布奇诺。实训过程及结果检测可参考表3-2-3。

表 3-2-3 卡布奇诺制作实训评价表

时间：________ 姓名：________ 综合评价：

实训项目	分值	实训要点及标准	学生评价	教师评价	综合评价
咖啡器具及材料准备	10 分	准备器具及材料。			
技能操作	60 分	研磨咖啡粉。（10 分）			
		制作意式浓缩咖啡。（10 分）			
		打奶泡。（20 分）			
		调制卡布奇诺。（10 分）			
		出品。（10 分）			
清洁物品	10 分	清洁咖啡制作器具、吧台等。			
效果	10 分	表层奶泡绵密，奶泡高于杯口，晃动杯子咖啡不会溢出来。咖啡杯、勺等干净，摆放合理。			
口味	10 分	香气浓郁，厚实绵密的口感，奶香与咖啡味道融合完美。			

我的学习心得

____

____

____

____

____

____

知识链接

咖啡与人体健康

有研究报告显示，咖啡因对人体健康的危害并没有像过去想象的那么大；反之，咖啡中的一些成分对人体有很多的保健功效。健康正常的人饮用适量的咖啡，对健康不但无害，反而有益。

一、咖啡对人体的益处

1. 消除疲劳，提神醒脑

咖啡因可以令人感到兴奋，适量的咖啡因可以刺激大脑皮层，促进感觉、记忆，活跃心肌的机能，使血管扩张促进血液循环，并提高新陈代谢的效能。

2. 抗氧化的效果

咖啡中含有丰富的咖啡因、咖啡酸、绿原酸等成分，可以有效对抗威胁我们身体健康的自由基，而自由基是造成许多疾病（如心肌病变、动脉硬化、脑卒中、肺气肿等）的主因。自由基过多会使身体代谢受到影响，破坏细胞进而使器官组织受影响。

3. 保护心血管的功能

咖啡含有高成分的多酚化合物，这一类化合物是强力的抗氧化剂，能延缓低密度脂蛋白的氧化时间，可以溶解血液凝块及阻止血栓的形成。此外，少量的咖啡也可以增强心肌收缩能力，促进血液循环，达到预防心血管疾病的作用。

4. 降低患肠癌或直肠癌的概率

咖啡含有天然抗氧化物。喝咖啡能降低肠癌或直肠癌的危险。

5. 帮助消化，防止胃下垂

咖啡有帮助消化的效果。吃完热能高的食物后，有些人希望能喝杯咖啡。但这并不适用于胃病患者以及消化器官黏膜有炎症的人，如胃炎、胃溃疡、十二指肠溃疡等，咖啡里的丹宁酸会对这些患病部位有刺激作用。

6. 分解脂肪，控制体重

咖啡因有助于控制体重，因为它能提高人体消耗热量的速度。人体吸收的咖啡因越多，新陈代谢增幅越大。如果同时运动，热量会消耗得更快。有研究发现：100 毫克的咖啡因（约 1 杯咖啡），可加速脂肪分解，使人体的新陈代谢率增加 3% ～ 4%，从而增加热能的消耗。因此适量饮用咖啡，有减重的效果。

7. 利尿通便

咖啡具有利尿作用，可提高排尿量。咖啡还是一种快速通便剂，这可能是咖啡刺激肠胃激素或蠕动激素所导致的，不过其通便效果只有在早晨饮用时才有效，其他时间饮用则效果不大。

8. 止痛

咖啡因作为药品时，可以加强某些止痛剂的效果。

9. 抑制气喘

由于咖啡因会刺激交感神经，因此，可以抑制交感神经兴奋而引起的气喘。

10. 降低得胆结石的机会

咖啡因能刺激胆囊收缩，减少胆囊内容易形成胆结石的胆固醇。

二、不适宜喝咖啡的人群

1. 孕妇和哺乳期妇女

咖啡因会影响胎儿的养分及氧气的摄取，故孕妇不宜喝含咖啡因的饮料。哺乳期间若喝咖啡，咖啡因等刺激物会通过乳汁进入婴儿体内，对婴儿生长发育产生不好的影响，所以哺乳期内不宜喝咖啡。

2. 高血压患者

咖啡中含有咖啡因，它能使部分敏感患者血压升高，所以高血压患者不宜饮用。

3. 应限制钾摄取的肾脏病患者

肾衰竭患者若有高血钾现象，需配合限钾饮食，咖啡含钾量高不宜饮用。

4. 消化性溃疡患者

咖啡因会刺激胃酸分泌，并使消化系统平滑肌血管松弛，加速食物的代谢而降低食物的营养价值，因此消化性溃疡患者不宜饮用。

5. 糖尿病患者

咖啡因能降低胰脏中胰岛素的分泌，降低葡萄糖的耐受量，增加胰岛素的排泄而使血糖上升，因此糖尿病患者不宜饮用。

6. 癫痫病人

咖啡因能刺激脑动力中枢，会使血管收缩，减少脑部血流量，对癫痫病患者十分不利。

7. 心脏病病人

咖啡会增加脂肪及甘油三酯的含量，增加心脏负担及氧气的消耗量，特别是当身体疲倦时更易引起副作用。因此，心脏病病人不宜饮用咖啡。

8. 缺铁性贫血患者

咖啡会加速食物的代谢而降低铁的吸收率，缺铁性贫血患者最好不要饮用。

9. 肾结石病人

肾结石病人预防草酸钙结石复发，须禁食富含草酸的食物，咖啡也是含草酸丰富的食物。

10. 容易失眠的人

长期饮用咖啡会使睡眠深度变浅，容易失眠的人不适宜饮用。

11. 发育中的青少年

18 岁以下的青少年还在发育期，最好少喝含有咖啡因的饮料。

三、正确饮用咖啡

要健康地享受咖啡的美味，还须留意以下事项：

（1）饭后 30 分钟是喝咖啡的适当时机。饮用咖啡会降低食欲，因此在餐前喝咖啡会不想吃东西。早晨喝咖啡有助于头脑清醒，但不可空腹饮用，否则胃部受到刺激而使胃液分泌增加，易刺激肠胃。但是在餐后饮用咖啡，对消化是有帮助的。为了不刺激肠胃，又不至于降低对铁质的吸收，最好饭后 30 分钟后再喝咖啡。

（2）每天饮用咖啡不要超过 5 杯。每天喝 5 杯（每杯约 150 mL）以上咖啡，即容易危及身体健康。过量饮用咖啡的直接表现是引起心悸亢进（心脏剧烈跳动），甚至出现精神恍惚、走路重心不稳等副作用。如果喝咖啡后有烦躁不安、焦虑、易怒、心悸、恶心等症状出现，最好当天不要再喝可乐、茶等含咖啡因的饮料。此外，不要喝太浓的咖啡，否则会使人变得急躁且理解力减弱。

（3）喝咖啡可加入牛奶，可以缓和对胃的刺激，但要控制糖的摄取量，以免肥胖。

（4）酒后不宜喝咖啡，否则会更刺激血管扩张，加快血液循环，增加心血管的负担。

（5）喝咖啡 10～15 分钟后，即有提神醒脑的作用，所以睡前不要喝咖啡，以免失眠。

（6）服用抗生素和胃溃疡治疗药物时，不可喝咖啡，以免刺激胃部，造成疼痛不适。

Dialogue in Cafe

咖啡厅英语情景对话

Scene Ⅵ：Recommend coffee to a lady

情景六：向一位女客人推荐咖啡

♁ Waitress：Good morning，madam. Would you like something to drink?

女服务员：早上好，女士。您想喝点什么吗？

♁ Guest：Yes please. Do you have any coffees?

客人：好的。你们有咖啡吗？

♁ Waitress：Of course，we have lots of coffee

女服务员：当然，我们有很多。

♁ Guest：What do you recommend?

客人：你给我推荐一种吧？

♁ Waitress：What about Cappuccino or Latte?

女服务员：卡布奇诺或拿铁，您看怎么样？

♁ Guest：I think I'll have a cup of Cappuccino please.

客人：请给我一杯卡布奇诺吧。

♁ Waitress：Here you are.

女服务员：给您。

课后拓展

1. 查一查（网络或相关书籍）：

（1）你知道卡布奇诺咖啡名字来历的其他说法吗？

（2）20 世纪初期，意大利人__________发明蒸汽压力咖啡机的同时，也发展出了卡布奇诺咖啡。

（3）你知道干卡布奇诺与湿卡布奇诺是怎么回事吗？

2. 做一做：

（1）请你用蒸汽奶泡机制奶泡的方法练习打奶泡。

（2）请你制作一杯卡布奇诺请老师或同学品评。

任务三　跳舞拿铁咖啡

拿铁咖啡是怎么来的呢？

"拿铁"是意大利文"Latte"的译音，"Latte"在意大利文中是牛奶的意思。拿铁就是牛奶咖啡。

那句著名的"我不在咖啡馆，就在去咖啡馆的路上"是一位音乐家在维也纳说出来的。维也纳的空气里，永远都飘荡着音乐和拿铁咖啡的味道。第一个把牛奶加入咖啡中的人是维也纳人柯奇斯基，他也是在维也纳开出第一家咖啡馆的人。

1683 年，土耳其大军第二次进攻维也纳。当时的维也纳皇帝奥波德一世与波兰国王扬·索别斯基订有攻守同盟，波兰人只要得知维也纳受到进攻的消息，就会迅速派出增援大军。但问题是，谁来突破土耳其大军的重围去给波兰人送信呢？曾经在土耳其游历的维也纳人柯奇斯基自告奋勇，以流利的土耳其语骗过围城的土耳其军队，搬来了波兰军队。土耳其的军队虽然骁勇善战，但在波兰大军和维也纳大军的夹击下，还是仓皇退却了，走时在城外丢下了大批军需物资，其中就有 500 袋咖啡豆。维也纳人不知道这是什么东西，只有柯奇斯基知道这是一种神奇的饮料。于是他请求把这 500 袋咖啡豆作为突围求救的奖赏，并利用这些咖啡豆开设了维也纳首家咖啡馆——蓝瓶子。

开始的时候，咖啡馆的生意并不好。原因是维也纳人不喜欢连咖啡渣一起喝下去，他们也不太适应这种浓黑焦苦的饮料。于是聪明的柯奇斯基改变了配方，过滤掉咖啡渣并加入大量牛奶——这就是如今咖啡馆里常见的"拿铁"咖啡的原创版本。

跳舞拿铁？拿铁会跳舞吗？

跳舞拿铁（Dancing Latte）是根据牛奶、咖啡与糖浆之间的比重不同，利用技巧制作出的层次分明的咖啡，一般使用透明玻璃杯盛装以便欣赏，尤其是轻轻晃动杯子时，咖啡各层次间随之波动却不混合，十分漂亮，恰似跳舞时舞动的舞衣，所以称之为跳舞拿铁。

这么神奇的跳舞拿铁咖啡怎么调制呢？

下面，我们就来学习调制跳舞拿铁咖啡。
第一步，准备器具和原料！如表 3-3-1 所示。

表3-3-1 准备器具、原料

器具			
	摩卡壶（Mocha Coffee Pot）	迷你瓦斯炉（Mini Gas Burner） 不锈钢炉架（Stove Stand）	咖啡研磨机（Coffee Mill）

	奶泡器（Milk Foam Maker）	拉花杯（Milk Steaming Pitcher）	量酒器（Measurer）

	大勺（Spoon）	吧勺（Bar Spoon）	玻璃杯（Handle Glass）

续前表

原料			
	综合咖啡豆（Blended Coffee Beans）	牛奶（Milk）	糖浆（Syrup）

第二步，调制跳舞拿铁咖啡。首先，要用浓度较高的咖啡，意式浓缩咖啡或摩卡壶煮制的黑咖啡都可以；然后打奶泡，当然蒸汽打奶泡的效果最好啦，但是今天我们学习手动打奶泡。最后进行调制！具体步骤如表 3-3-2 所示。

表3-3-2 调制跳舞拿铁咖啡

步骤	操作图示	操作讲解
制作浓缩咖啡	 	用摩卡壶煮制咖啡。 其体操作步骤参考 Menu 1 中的任务四。

续前表

<table>
<tr><th>步骤</th><th>操作图示</th><th>操作讲解</th></tr>
<tr><td rowspan="3">注入糖浆和牛奶</td><td></td><td>用量酒器向玻璃杯中倒入15～20 mL的糖浆。</td></tr>
<tr><td></td><td>向玻璃杯中注入热牛奶。</td></tr>
<tr><td></td><td>用吧勺将牛奶与糖浆搅拌混合。
提示：目的是调配口味并增加牛奶的比重。</td></tr>
<tr><td>手动打奶泡</td><td></td><td>将热牛奶倒入奶泡器中，不要超过奶泡器的1/2，否则打奶泡的时候牛奶会因为膨胀而溢出来。
提示：热牛奶的温度为60℃～70℃，可直接用火加热或采用将奶泡器置于开水中的外热法。</td></tr>
</table>

续前表

步骤	操作图示	操作讲解
手动打奶泡	 	将奶泡器的盖子与滤网盖上，快速抽动滤网将空气压入牛奶中。抽动的时候不需要压到底，因为是要将空气打入牛奶中，所以只要在牛奶表面动作即可。先做快速低打，打到有明显的阻力和绵感；接下来做中打，同样打到有明显的阻力和绵感；最后做高打，打到整体有阻力和绵感。
		移开盖子与滤网，用大勺将表面粗大的奶泡刮掉，留下的就是绵密的热奶泡。
调制跳舞拿铁		用大勺挡住奶沫，向杯中注入牛奶至整杯八分满。
		用大勺将奶沫轻铺在牛奶表面。

续前表

步骤	操作图示	操作讲解
调制跳舞拿铁		将吧勺插入奶沫中，用吧勺作为辅助在杯中缓慢注入咖啡。 提示：不要将吧勺插入牛奶中。新手可以将咖啡倒入奶盅中再注入。
		最后用大勺从奶泡器中舀奶沫铺在咖啡表面。
咖啡出品		出品前，检查杯壁是否干净，将咖啡呈给客人即可。可依客人口味在奶沫表面挤上巧克力酱作为装饰。 咖啡出品后，咖啡师清理台面，清洁器具。

拿铁咖啡制作

榛子拿铁（Hazelnut Latte）的做法

制作原料：

（1）浓缩咖啡　　30 mL

（2）牛奶　　150 mL

（3）榛子糖浆　　15 mL

做法简介：

（1）用奶泡器将鲜奶打出奶泡，并将粗的奶泡刮除。

（2）以浓缩咖啡为底，加入榛果糖浆，倒入热牛奶与奶泡即可。

实训检测

要求：请你为客人调制一杯跳舞拿铁。实训过程及结果检测可参考表 3-3-3 。

表 3-3-3　跳舞拿铁调制实训评价表

时间：________　　姓名：________　　综合评价：

实训项目	分值	实训要点及标准	学生评价	教师评价	综合评价
咖啡器具及材料准备	10 分	准备器具及材料。			
技能操作	60 分	研磨咖啡粉。（10 分）			
		制作黑咖啡。（10 分）			
		注入糖浆和牛奶。（5 分）			
		手动打奶泡。（15 分）			
		调制跳舞拿铁。（15 分）			
		出品。（5 分）			
清洁物品	10 分	清洁咖啡制作器具、吧台等。			
效果	10 分	分层清晰，表层奶泡绵密。轻晃杯子，咖啡不会融入牛奶。咖啡杯干净，摆放合理。			
口味	10 分	口感顺滑，奶香浓郁，有淡淡的咖啡香气与甘味。			

我的学习心得

知识链接

品味咖啡

一、品味咖啡的步骤

你可以在纯粹的黑咖啡里，加一点点糖、奶；你也可以欧式一点，在咖啡中加入肉桂等香料；如果你不习惯咖啡的苦涩味，也可以在你的咖啡里加一点你喜欢的果汁……不过，喝一杯原汁原味的黑咖啡，能够品尝到咖啡本身浓郁的风味，会被看作是品尝咖啡的行家里手。品尝咖啡是有一些讲究和知识的。

一杯咖啡端到面前，先不要急于喝，应该像品茶或品酒那样，有个循序渐进的过程，以达到放松、提神和享受的目的。

第一步，闻香。用右手的食指和拇指拿住咖啡杯的杯耳，左手托着咖啡碟，右手持杯送到鼻下体会一下咖啡那扑鼻而来的浓香。

第二步，观色。咖啡最好呈现深棕色，而不是一片漆黑，深不见底。

第三步，品尝。喝咖啡应该像品尝美酒一般细细品味，不要匆匆地一饮而尽。

喝咖啡时可首先喝一口冰水，让您的口腔完成清洁。冰水能帮助咖啡味道鲜明地浮现出来，让舌头上的每一颗味蕾，都充分做好感受咖啡美味的准备。然后喝一口黑咖啡，你所喝的每一杯咖啡都是经过五年生长才能够开花结果的咖啡树结出的咖啡豆，经过了采收、烘焙等繁复程序，再由煮咖啡的人悉心调制而成。所以，先趁热喝一口不加糖与奶精的黑咖啡，感受一下咖啡的天然风味。咖啡入口应该是有些甘味，微苦、微酸却不涩。再依个人的喜好加入适量的糖，并用小汤匙轻轻地旋转搅动，趁着咖啡的旋涡缓缓加入奶精，让油脂浮在咖啡表面上，一方面可以保温，另一方面咖啡的热度也可将奶香蒸发出来。要小口小口地品尝，不要急于将咖啡一口咽下，应暂时含在口

中，让咖啡和唾液与空气稍做混合，然后再咽下。

二、品味咖啡的注意事项

品咖啡不只是要用舌头的味觉去感受，更重要的是要享受那种在口里的芳醇。除此之外，还要看品咖啡时的身体情况、周围气氛等。总之，品咖啡是一件非常微妙的事情。

1. 味道

咖啡豆中含有 5%～8% 的糖分，烘焙后大部分转化为焦糖，这是咖啡香味和苦味的来源，未转化的糖分留有少许甜味；烘焙时释放出丹宁酸，与焦糖结合，产生略带苦味的甜味。一般来说，烘烤的时间短，咖啡豆呈浅褐色，酸味强；烘烤的时间长，咖啡豆呈黑褐色，苦味加重。咖啡有五味：醇、香、甘、苦、酸。不同品种的咖啡，风味各有侧重，需选择相应的烘烤程度才可将其独特的风味发挥到最好，像标准口味的哥伦比亚咖啡、蓝山咖啡，一般以中度烘焙为佳，而印尼的曼特宁必须以深度烘焙才能发挥它香、浓、苦的特色。

2. 温度

一般来说，趁热品尝咖啡，是喝咖啡的基本礼节。品咖啡的最佳温度是 85℃～88℃。普通咖啡的质地不太稳定，所以最好趁热品尝。咖啡的适当温度是在冲泡的刹那为 83℃，倒入杯中时为 80℃，而到口中时为 61℃～62℃。

对于一杯完美的咖啡而言，温杯至少占了 20% 的功劳。无论咖啡煮得多么好，只要倒入一个冰冷的杯子里，咖啡的温度立即降低，香气也抵消过半。而先进行温杯，咖啡倒入后不但热度得以保存，而且杯子的温度更适于酝酿香气，使咖啡的香味完全释放出来。温杯的方式有多种，可放入烘碗机温热，也可以放在热水槽中浸泡，或将热水倒入杯中烫热。

3. 适量

喝咖啡不像喝酒或果汁，一般来说，一杯咖啡七八分满为适量。适量的咖啡不仅会刺激味觉，喝完后也不会有腻的感觉，反而回味无穷。同时，适量的咖啡能适度地促使身体消除疲劳。此外，喝咖啡也不能像喝茶或可乐一样，连续喝几杯。有时候若想连续喝三四杯，就要将咖啡的浓度冲淡，或加入大量的牛奶，而在糖分的调配上也不妨多些变化，使咖啡更具风味。

4. 研磨

新鲜的咖啡豆现磨现做咖啡，风味最佳。制作一杯标准咖啡（4～5 盎司）需要 12 克咖啡粉。一般酸性豆粗磨，苦味豆细磨。制作淡咖啡时，可以磨粗些；做浓咖啡时，可以磨细些，投料比也相应增加。

5. 冲泡

冲泡咖啡的方法有多种，最简单的方法是将咖啡粉放在滤袋中直接以开水冲泡，这种方法制出的咖啡可以保留泡沫细腻的咖啡油（好咖啡的标志之一），但酸味稍重。如果用咖啡壶冲煮，注意不可以用矿泉水，煮的时间不要太长。另一种常见的虹吸法，需要用专门的器具，虹吸法制出的咖啡酸度较轻，但没有咖啡油。

Dialogue in Cafe

咖啡厅英语情景对话

Scene Ⅶ：The guest has a Dancing Latte

情景七：客人点了一杯跳舞拿铁

♁ Waiter：Good afternoon, madam. What kind of coffee would you like?

男服务员：下午好，女士。请问您喜欢喝哪种咖啡？

♁ Guest：What have you got?

客人：你们有什么？

♁ Waiter：We have Espresso, Cappuccino, Dancing Latte and Hazelnut Mocha.

男服务员：我们有意式浓缩咖啡、卡布奇诺、跳舞拿铁和榛子摩卡咖啡。

♁ Guest：What a choice! Dancing Latte？ I'll try that.

客人：这么多选择！跳舞拿铁？我想试试。

♁ Waiter：Enjoy your coffee.

男服务员：请慢用。

课后拓展

1. 查一查（网络或相关书籍）：

（1）你知道拿铁咖啡还有哪些做法吗？

（2）卡布奇诺和拿铁有何区别？

2. 做一做：

（1）请你调制一杯榛子拿铁咖啡，请老师或同学品评。

（2）请你向客人演示制作并介绍一下跳舞拿铁咖啡。

任务四　冰焦糖玛奇朵咖啡

焦糖玛奇朵是一款怎样的咖啡呢？

Caramel Macchiato 是焦糖玛奇朵咖啡的名字，Caramel 在英文里是焦糖的意思，Macchiato 在意大利文里是“印记、烙印”的意思。顾名思义，焦糖玛奇朵象征着甜蜜的印记。

很多人之所以喜欢焦糖玛奇朵，是因为它的香甜感。玛奇朵咖啡是奶咖啡的一种，它是将香草糖浆及香滑的鲜奶混合，再加上绵密细滑的奶泡，混合而成的醇厚的浓缩咖啡。如果再用软滑的焦糖在奶沫上淋成网格状，香甜醇厚的焦糖玛奇朵便成为咖啡爱好者品尝特浓咖啡的好选择。

有人形容焦糖玛奇朵就像太妃糖，给人柔柔的温柔感，而且绵密的奶沫与焦糖结合后，如浮云般细腻润滑，所以焦糖玛奇朵通常是女孩子的最爱。

如何调制冰焦糖玛奇朵咖啡呢？

下面，我们就来学习调制适合夏天饮用的香甜的冰焦糖玛奇朵咖啡（Iced Caramel Macchiato）。

第一步，准备器具和原料！如表 3-4-1 所示。

表3-4-1　准备器具、原料

器具			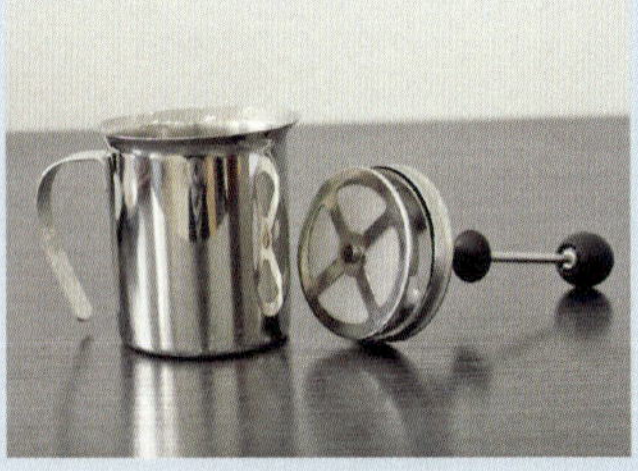
	意式半自动咖啡机（Semi-automatic Espresso Maker）	咖啡研磨机（Coffee Mill）	奶泡器（Milk Foam Maker）

续前表

器具		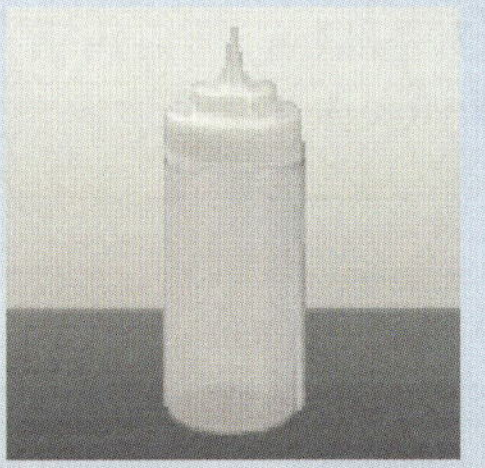	
	奶盅（Milk Jar）	挤瓶（Squeeze Bottle）	量酒器（Measurer）

	冰桶（Ice Bucket）	冰夹（Ice Tong）	量杯（Measuring Cup）

	大勺（Spoon）	玻璃杯（Handle Glass）	
原料			
	综合咖啡豆（Blended Coffee Beans）	香草糖浆（Vanilla Syrup）	焦糖（Caramel）

	碎冰块（Crushed Ice Cube）	牛奶（Milk）	

第二步，开始调制冰焦糖玛奇朵。首先，要制作一份意式浓缩咖啡。然后打奶泡，因为是冰饮，所以用手动打奶泡。最后进行调制！具体步骤如表 3–4–2 所示。

表3-4-2　调制冰焦糖玛奇朵

步骤	操作图示	操作讲解
制作意式浓缩咖啡		用意式半自动咖啡机制作意式浓缩咖啡 30 mL。 具体操作步骤参考 Menu 3 中的任务一。
手动打奶泡		将凉牛奶倒入奶泡器打奶泡。打出冷奶泡后，用大勺将最上层的粗奶泡刮掉。 具体操作步骤参考 Menu 3 中的任务三。
调制冰焦糖玛奇朵		用量酒器向玻璃杯中倒入 15 mL 的香草糖浆。
		用量杯向玻璃杯中倒入 150 mL 的牛奶。
		用冰夹向杯中加入冰块，使牛奶升至杯子八分满。

续前表

步骤	操作图示	操作讲解
调制冰焦糖玛奇朵		将 30 mL 意式浓缩咖啡倒入奶盅，用奶盅从玻璃杯中心点注入咖啡。
		用大勺将奶沫平铺在咖啡上面。
		用挤瓶将焦糖在奶沫上淋成网格状。
咖啡出品		出品前，检查杯壁是否干净，用托盘将咖啡呈给客人即可。 咖啡出品后，咖啡师清理台面，清洁器具。

冰焦糖玛奇朵制作

决定咖啡的特色——四味一香

咖啡所有的颜色、香气和味道，都是经过烘焙后，在咖啡生豆中发生些化学变化所形成的特色。

苦味：咖啡因，咖啡基本味道要素之一。

酸味：丹宁酸，咖啡基本味道要素之二。

浓醇：咖啡浓厚、芳醇的味道。

甜味：当咖啡生豆内的糖分，经过烘焙手续部分焦化后，其余的部分就是甜味了。

香：咖啡生豆里的脂肪、蛋白质、糖类是香气的重要来源。

实训检测

要求：请你为客人调制一杯冰焦糖玛奇朵咖啡。实训过程及结果检测可参考表 3-4-3 。

表 3-4-3　冰焦糖玛奇朵咖啡调制实训评价表

时间：________　　　姓名：________　　　综合评价：

实训项目	分值	实训要点及标准	学生评价	教师评价	综合评价
咖啡器具及材料准备	10 分	准备器具及材料。			
技能操作	60 分	研磨咖啡粉。（5 分）			
		制作浓缩咖啡。（10 分）			
		手动打奶泡。（10 分）			
		倒入糖浆和牛奶，加冰块。（10 分）			
		注入咖啡，铺奶沫。（10 分）			
		用焦糖淋网格。（10 分）			
		出品。（5 分）			
清洁物品	10 分	清洁咖啡制作器具、吧台等。			
效果	10 分	分层黑白明显，表层奶泡绵密。焦糖网格清晰、美观。咖啡杯干净，摆放合理。			
口味	10 分	入口冰冰甜甜，香滑爽口，有淡淡的咖啡香与奶香。			

我的学习心得

知识链接

麝香猫咖啡

麝香猫咖啡又称猫屎咖啡，它是印尼苏门答腊岛上一种叫“麝香猫”的树栖野生动物吃完咖啡果后把咖啡豆原封不动地排出，当地人把它们捡起来，小心地收集，再经过挑选、晾晒、除臭、加工、烘焙等数道工序，制造出稀有、独特、也昂贵的咖啡。

『神奇的自然发酵法』

麝香猫属于杂食动物，它们生性孤僻，喜欢夜行，栖息在热带雨林、亚热带常绿阔叶林区、山地灌丛或者丘陵、山地、草丛等地。它们的食物包括小型兽类、鸟类、两栖爬行类、甲壳类、昆虫、植物的果实和种子等。麝香猫喜欢挑选咖啡树中最成熟香甜、饱满多汁的咖啡果实当作食物，而咖啡果实经过它的消化系统，被消化掉的只是果实外表的果肉，那坚硬无比的咖啡原豆随后被麝香猫的消化系统原封不动地排出体外。

这样的消化过程，让咖啡豆产生了无与伦比的神奇变化，风味趋于独特，味道特别香醇，丰富圆润的香甜口感也是其他咖啡豆所无法比拟的。这是由于麝香猫的消化系统破坏了咖啡豆中的蛋白质，让由蛋白质而产生的咖啡的苦味少了许多，从而增加了咖啡豆的圆润口感。

专家称印尼麝香猫体内有一个腺体，分泌乳白色油脂，这种油脂一直是香水业珍贵的原料，连莎士比亚的剧作《李尔王》中也有这样的对白：请给我一点麝香猫的香油，刺激我的灵感。还有人这样说：“这种咖啡独一无二，是印尼的特产。喝到它，这就像在石头中找到了钻石。”因为野麝香猫显然更善于挑选好的咖啡果实，从而让这种咖啡有着卓尔不凡的特点。

『极品美味还是难以下咽？』

品尝过这种咖啡的专家，对于其味道的品评有两个极端，一种形容该咖啡是极品，味道非比寻常，带点土腥，略带呛味和内脏味，在嘴里久久不去，直到最后一滴；而另一种评价则全然相反，认为该咖啡难以下咽，完全是噱头，不值得花钱购买。

对于口味上这样大相径庭的说法，可真谓见仁见智。咖啡专家的解释是，麝香猫咖啡大部分是产于低海拔的罗布斯塔豆，这说明麝香猫偏好罗布斯塔豆的程度远甚于偏好高海拔地区的阿拉比卡豆。而印尼咖啡本身就带有泥土味和中药味，稠度也高居各洲咖啡之冠，麝香猫咖啡的稠度则更胜一筹，其稠度几乎接近糖浆，气味很特殊。所以，如果你原本就不喜欢印尼咖啡的味道，那么可以肯定的是，你会更讨厌麝香猫咖啡；但倘若你喜欢印尼陈年豆或印度风渍豆的土腥味，你可能会爱上风味类似的麝香猫咖啡。

Dialogue in Cafe

咖啡厅英语情景对话

Scene Ⅷ：The guest ordered an Iced Caramel Macchiato
情景八：客人点了一杯冰焦糖玛奇朵

♁ Waiter：Welcome! Please take your seat.
男服务员：欢迎光临！请坐。

♁ Guest：Thanks.
客人：谢谢。

♁ Waiter：It’s my pleasure. Here is the menu.
男服务员：这是我应该做的。请先看一下菜单。

♁ Guest：What’s this one?
客人：这是什么？

♁ Waiter：That’s Iced Caramel Macchiato，it’s an iced coffee.
男服务员：这是冰焦糖玛奇朵，是一款冰咖啡。

♁ Guest：Ok, I’ll try that.
客人：好吧，我想试试。

♁ Waiter：It’s your Iced Caramel Macchiato.
男服务员：这是您点的冰焦糖玛奇朵。

课后拓展

1. 查一查（网络或相关书籍）：

（1）说说玛奇朵咖啡是如何调制的？

（2）比较一下玛奇朵、康宝蓝、维也纳咖啡的调制方法及口感的异同。

2. 做一做：

（1）请你调制一杯焦糖玛奇朵咖啡请老师或同学品评。

（2）请你向客人演示调制并介绍一下冰焦糖玛奇朵咖啡。

课后拓展题目参考答案

Menu 1　任务一

1. 查一查（网络或相关书籍）：

（1）1554 年　土耳其伊斯坦布尔　1836 年

（2）梅丽塔　德　梅丽塔夫人　卡利塔

（3）膨胀　二氧化碳

Menu 1　任务二

1. 查一查（网络或相关书籍）：

（1）法压壶（或法式滤压壶）　意大利

（2）埃塞俄比亚

（3）阿拉伯　热　亚热　茶　可可

Menu 1　任务三

1. 查一查（网络或相关书籍）：

（1）1808

（2）平衡式塞风壶　英　James Napier

（3）

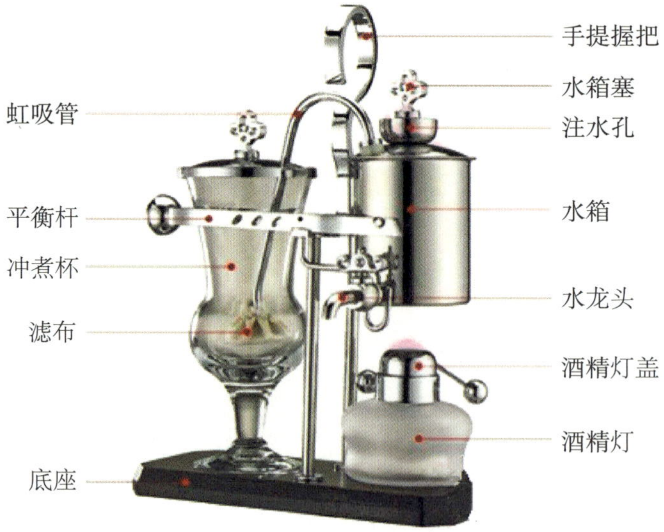

Menu 1　任务四

1. 查一查（网络或相关书籍）：

（1）聚压

（2）参考答案：

材料：意式浓缩咖啡 30 mL，巧克力酱适量，鲜奶油适量，牛奶适量。

制法：将意式浓缩咖啡和牛奶倒入杯中七分满，挤上奶油后淋上巧克力酱即可。

Menu 1　任务五

1. 查一查（网络或相关书籍）：

（1）塞风壶

（2）根据热胀冷缩原理，利用水加热后产生的水蒸气，将下球体的热水推至上壶，待下壶冷却后再把上壶的水吸回来。

（3）高山咖啡

（4）参考答案：

左侧图中的“COFFEE INDUSTRY BOARD”（CIB）是牙买加咖啡产业协会，CIB 的主要职责就是通过管理、监督，提升蓝山咖啡质量，重拾蓝山咖啡的全球声誉。含有“CIB”的标志是牙买加咖啡产业局官方注册标识，用于对出口的牙买加蓝山咖啡的认证检验。右侧图中含有“JAMAICA BLUE MOUNTAIN COFFEE”的标志是牙买加咖啡产业局（CIB）官方注册的 BLUE MOUNTAIN COFFEE 商标，用于标识正宗牙买加蓝山咖啡外包装。

Menu 2　任务一

1. 查一查（通过网络或相关书籍）：

（1）参考答案：咖啡厅分为美式、法式、意式等，体现了不同的咖啡文化。有的咖啡厅专卖咖啡，有的咖啡厅也卖简餐和其他饮品。

（2）皇家咖啡的另一个别名是火焰咖啡。

Menu 2　任务二

1. 查一查（网络或相关书籍）：

（1）咖啡　音乐

（2）参考答案：

	制作方法	相同点	不同点
维也纳咖啡	在黑咖啡上挤上奶油和巧克力酱，撒上七彩米即可。	均是在咖啡上挤上奶油作调味品。	1. 维也纳咖啡有巧克力和七彩米作装饰。 2. 维也纳咖啡以黑咖啡做基底，康宝蓝咖啡以意式浓缩咖啡为基底。
康宝蓝咖啡	在小杯的意式浓缩咖啡中加入现打的鲜奶油即可。		

Menu 2　任务三

1. 查一查（网络或相关书籍）：

（1）参考答案：

爱尔兰一家咖啡店里的咖啡师喜欢上了一个常来咖啡店喝咖啡的女孩，但是他不敢将心意表露出来，只是每次更用心地给她调制咖啡。

有一天，他试着在她的咖啡里放入了白兰地，女孩尝了一口咖啡，感觉非常好，问咖啡师："这里面放了什么？"咖啡师想了想，告诉她，里面放了天使的泪水。女孩爱上了加天使的泪水的咖啡。每一次来，她点咖啡时，咖啡师都会问她："要不要加泪水？"她都会点头。咖啡师便将自己全部的爱都调进咖啡里，并绞尽脑汁，将它从做法到配料都做到尽善尽美。

咖啡师告诉自己，当这个女孩喝过 100 杯天使的泪水后，就告诉她他爱她，不管出现什么样的结果。但是，他只为她调制了 73 杯，便患上了重病。他在女孩平时来喝咖啡的时间里回到咖啡店，他告诉老板，他希望能为他心爱的女人再亲手调一杯咖啡。女孩果然来了，他像平时一样微笑着问她："要不要加泪水？"她依然点头。在他用火焰融化白兰地里的方糖时，他的眼泪掉了下来，和白兰地融为一体。他害怕自己的病会传染给女孩，便突发奇想，将杯里的白兰地点燃，将一杯火焰倒进了咖啡里。女孩看着燃烧的咖啡杯，开心地笑，她说她从来没有喝过这么好喝的天使的泪水，没有看过这么漂亮的咖啡。女孩再来的时候，咖啡师因病不治身亡。她等着他像平时一样微笑着走近她，问她："要不要加泪水？"可是她等来的却是咖啡店的老板。咖啡店老板告诉了女孩咖啡师的心意，还有他最后的遗憾——没能为她调制100杯天使的泪水，没有来得及向她说他爱她。女孩默默地流泪，离开了咖啡店。

以后的日子里，女孩去了很多城市，去了很多咖啡店，她一直期待在她点过咖啡后，有人在身后温柔地问她："要不要加泪水？"但是她一生都没有再听见。

（2）参考答案：

东京：微深的中度烘焙较受欢迎，但慢慢地也倾向于深度烘焙。

纽约：较偏好城市烘焙，但由于城里居住着各种不同的人，故也贩卖各种不同烘焙程度的咖啡豆。

维也纳：偏好深度烘焙。

法国人较喜爱法式烘焙；意大利人则经常使用意式烘焙法。

（3）小批量　热空气

Menu 3　任务一

1. 查一查（网络或相关书籍）：

（1）牙买加

（2）单锅炉系统　子母锅炉系统

Menu 3　任务二

1. 查一查（网络或相关书籍）：

（1）参考答案：

卡布奇诺也和一种猴子的名称有关。非洲有一种小猴子，头顶上有一撮黑色的锥状毛发，很像圣芳济教会道袍上的小尖帽，这种小猴子也因此被取名为Capuchin。

（2）阿奇布夏

（3）参考答案：

所谓干卡布奇诺（Dry Cappuccino）是指奶泡较多、牛奶较少的做法，喝起来咖啡味浓过奶香，适合重口味者饮用。

湿卡布奇诺（Wet Cappuccino）则指奶泡较少，牛奶量较多的做法，奶香盖过咖啡味，适合口味清淡者。

湿卡布奇诺的风味和时下流行的拿铁差不多。一般而言，卡布奇诺的口味比拿铁来得重。如果口味重，不妨点卡布奇诺或干卡布奇诺；如果不习惯太浓的咖啡味，可以点拿铁或湿卡布奇诺。

Menu 3　任务三

1. 查一查（网络或相关书籍）：

（1）参考答案：

拿铁是意式浓缩咖啡中加入大量的牛奶，如果加上不同的糖浆，即可成为不同风味的拿铁咖啡。

［香草杏仁咖啡］

材料：深度烘焙的咖啡 70 mL，泡沫牛奶 60 mL，香草杏仁露 15 mL。

制法：杯中倒入香草杏仁露，注入咖啡和搅起奶泡的牛奶，奶泡应浮在上面。

（2）参考答案：

卡布奇诺：浓缩咖啡∶牛奶∶奶泡 =1∶1∶1。

拿铁：牛奶的量一定要大于咖啡的量。

Menu3　任务四

1. 查一查（网络或相关书籍）：

（1）参考答案：

在一小杯意式浓缩咖啡中直接加入一两勺奶泡，一杯玛奇朵咖啡就做成了。

（2）参考答案：

	制作方法	口感	相同点	不同点
玛奇朵咖啡	在一小杯意式浓缩咖啡中直接加入一两勺奶泡。	同时享受奶泡的细腻柔滑与咖啡的浓香。	都是在咖啡中加入奶油或奶泡。	1. 玛奇朵咖啡加的是奶泡，后两者加的是奶油。 2. 玛奇朵咖啡和康宝蓝咖啡都属于意式咖啡，以意式浓缩咖啡作基底，维也纳咖啡属于花式咖啡，以黑咖啡作基底。
康宝蓝咖啡	在小杯的意式浓缩咖啡中加入现打的鲜奶油。	同时享受奶油的香甜与咖啡的浓香。		
维也纳咖啡	在黑咖啡上挤上奶油和巧克力酱，撒上七彩米。	发泡奶油漂浮在咖啡上，可享受咖啡的三段滋味。		